Ein Verfahren zur Analyse von Problemen der Ressourcenabstimmung auf Basis synergetischer Mustererkennung

Von der Fakultät für Konstruktions- und Fertigungstechnik
der Universität Stuttgart zur Erlangung
der Würde eines Doktor-Ingenieurs (Dr.-Ing.)
genehmigte Abhandlung

vorgelegt von
Dipl.-Ing. Stefan König

Hauptberichter: Prof. Dr.-Ing. Dr. h.c. Engelbert Westkämper
Mitberichter: Prof. Dr.-Ing. habil. Prof. e.h. Dr. h.c.
Hans-Jörg Bullinger

Tag der Einreichung: 22.05.1996
Tag der mündlichen Prüfung: 10.03.1997

Stefan König

Ein Verfahren zur Analyse von Problemen der Ressourcenabstimmung auf Basis synergetischer Mustererkennung

Mit 43 Abbildungen

Springer

Dr.-Ing. Stefan König
Fraunhofer-Institut für Produktionstechnik und Automatisierung (IPA), Stuttgart

Prof. Dr.-Ing. Dr. h. c. E. Westkämper
o. Professor an der Universität Stuttgart
Fraunhofer-Institut für Produktionstechnik und Automatisierung (IPA), Stuttgart

Prof. Dr.-Ing. habil. Dr. h. c. H.-J. Bullinger
o. Professor an der Universität Stuttgart
Fraunhofer-Institut für Arbeitswirtschaft und Organisation (IAO), Stuttgart

D 93

ISBN-13: 978-3-540-63226-9   e-ISBN-13: 978-3-642-47903-8
DOI: 10.1007/ 978-3-642-47903-8

Gesamtherstellung: Copydruck GmbH, Heimsheim
SPIN 10633855   62/3020—5 4 3 2 1 0

Geleitwort der Herausgeber

Über den Erfolg und das Bestehen von Unternehmen in einer markt-
wirtschaftlichen Ordnung entscheidet letztendlich der Absatzmarkt.
Das bedeutet, möglichst frühzeitig absatzmarktorientierte Anforderungen sowie deren Veränderungen zu erkennen und darauf zu reagie-
ren.

Neue Technologien und Werkstoffe ermöglichen neue Produkte und er-
öffnen neue Märkte. Die neuen Produktions- und Informationstechnologien verwandeln signifikant und nachhaltig unsere industrielle
Arbeitswelt. Politische und gesellschaftliche Veränderungen signa-
lisieren und begleiten dabei einen Wertewandel, der auch in unse-
ren Industriebetrieben deutlichen Niederschlag findet.

Die Aufgaben des Produktionsmanagements sind vielfältiger und anspruchsvoller geworden. Die Integration des europäischen Marktes,
die Globalisierung vieler Industrien, die zunehmende Innovations-
geschwindigkeit, die Entwicklung zur Freizeitgesellschaft und die
übergreifenden ökologischen und sozialen Probleme, zu deren Lösung
die Wirtschaft ihren Beitrag leisten muß, erfordern von den Füh-
rungskräften erweiterte Perspektiven und Antworten, die über den
Fokus traditionellen Produktionsmanagements deutlich hinausgehen.

Neue Formen der Arbeitsorganisation im indirekten und direkten
Bereich sind heute schon feste Bestandteile innovativer Unternehmen. Die Entkopplung der Arbeitszeit von der Betriebszeit, integrierte Planungsansätze sowie der Aufbau dezentraler Strukturen
sind nur einige der Konzepte, die die aktuellen Entwicklungsrich-
tungen kennzeichnen. Erfreulich ist der Trend, immer mehr den Menschen in den Mittelpunkt der Arbeitsgestaltung zu stellen - die
traditionell eher technokratisch akzentuierten Ansätze weichen einer stärkeren Human- und Organisationsorientierung. Qualifizie-
rungsprogramme, Training und andere Formen der Mitarbeiterent-
wicklung gewinnen als Differenzierungsmerkmal und als Zukunftsin-
vestition in *Human Recources* an strategischer Bedeutung.

Von wissenschaftlicher Seite muß dieses Bemühen durch die Entwicklung von Methoden und Vorgehensweisen zur systematischen
Analyse und Verbesserung des Systems Produktionsbetrieb einschließlich der erforderlichen Dienstleistungsfunktionen unterstützt werden. Die Ingenieure sind hier gefordert, in enger Zusam-
menarbeit mit anderen Disziplinen, z.B. der Informatik, der Wirtschaftswissenschaften und der Arbeitswissenschaft, Lösungen zu er-
arbeiten, die den veränderten Randbedingungen Rechnung tragen.

Die von den Herausgebern geleiteten Institute, das

- Institut für Industrielle Fertigung und Fabrikbetrieb der
  Universität Stuttgart (IFF),

- Institut für Arbeitswissenschaft und Technologiemanagement (IAT)

- Fraunhofer-Institut für Produktionstechnik und Automatisierung
  (IPA),

- Fraunhofer-Institut für Arbeitswirtschaft und Organisation (IAO)

arbeiten in grundlegender und angewandter Forschung intensiv an
den oben aufgezeigten Entwicklungen mit. Die Ausstattung der
Labors und die Qualifikation der Mitarbeiter haben bereits in der
Vergangenheit zu Forschungsergebnissen geführt, die für die Praxis
von großem Wert waren. Zur Umsetzung gewonnener Erkenntnisse wird
die Schriftenreihe "IPA-IAO - Forschung und Praxis" herausgegeben.
Der vorliegende Band setzt diese Reihe fort. Eine Übersicht über
bisher erschienene Titel wird am Schluß dieses Buches gegeben.

Dem Verfasser sei für die geleistete Arbeit gedankt, dem Springer-
Verlag für die Aufnahme dieser Schriftenreihe in seine Angebots-
palette und der Druckerei für saubere und zügige Ausführung. Möge
das Buch von der Fachwelt gut aufgenommen werden.

                              E. Westkämper   H.-J. Bullinger

Vorwort des Verfassers

Die vorliegende Arbeit entstand während meiner Tätigkeit am Fraunhofer-Institut für Produktionstechnik und Automatisierung (IPA) in Stuttgart.

Herrn Professor Dr.-Ing. Dr. h.c. Westkämper bin ich für die wohlwollende Förderung der Arbeit und die damit verbundenen konstruktiven Diskussionen zu besonderem Dank verpflichtet. Mein Dank gilt auch Herrn Professor Dr.-Ing. habil. Prof. e.h. Dr. h.c. Bullinger für die sorgfältige Durchsicht der Arbeit und die Übernahme des Mitberichts. Herrn Professor Dr.-Ing. Dr. h.c. mult. Warnecke danke ich für die thematischen Anregungen zu Beginn des Promotionsverfahrens.

Ein herzlicher Dank geht an Herrn Dr. Sihn für viele motivierende Gespräche sowie an Herrn Dr. Braun für die konstruktiven Fachdiskussionen bis in den späten Abend hinein.

Allen Mitarbeitern des Instituts, die mir durch ihre Einsatz- und Hilfsbereitschaft die Erstellung der Arbeit erleichtert haben, danke ich vielmals. Dies gilt vor allem für Andreas Karrais und Gerd Aupperle.

Ohne die große Geduld und Zuversicht meiner Frau Ina hätte ich das mit erheblichen Freizeiteinschränkungen verbundene Promotionsverfahren nicht erfolgreich durchführen können. Für ihre Unterstützung bedanke ich mich daher besonders. Vielen Dank auch für das Verständnis, daß mir in dieser Zeit Eltern und Freunde entgegengebracht haben.

Stuttgart, im April 1997   Stefan König

Inhaltsverzeichnis

Abkürzungsverzeichnis

Zeichen	Bedeutung
a	Index für Material
$\underline{A}$	Matrix der Hilfsparameter zur Berechnung adjungierter Prototypvektoren
$a_{p,p'}$	Hilfsparameter zur Berechnung adjungierter Prototypvektoren
$\underline{apv_p}$	Adjungierte Prototypvektoren
$\underline{APV}$	Matrix der adjungierten Prototypvektoren
AT	Attribute der Ressourcenabstimmungsplanung
b	Index für Betriebsmittel
BM_b	Betriebsmittelressourcen
bzgl.	bezüglich
c	Index für Personal
CLSP	Capacitated Lot Sizing Problem
d.h.	das heißt
Diss.	Dissertation
EDV	Elektronische Datenverarbeitung
etc.	et cetera
F	Menge der möglichen Abbildungen f von PZR nach $\mathfrak{R}$
F[ ]	Zweidimensionale diskrete Fouriertransformation
F^{-1}[ ]	Zweidimensionale inverse diskrete Fouriertransformation
f	Abbildungen von PZR nach $\mathfrak{R}$
g	Abbildung von R x PZR nach $\mathfrak{R}$
ggfs.	gegebenenfalls
GK_p	Gestaltklassen
GSPS	General Systems Problem Solver
$\underline{I}$	Einheitsmatrix
j	Index für Vektorelemente
k	Index für Problemklassen
Kap.	Kapitel
$\underline{KF}$	Korrelationsmatrix
KI	Künstliche Intelligenz
k_r	Laufvariable der Fouriertransformation

k_t	Laufvariable der Fouriertransformation
L_p	Lageinformation
LK_u	Lageklassen
LM	Lernmuster
LR_u	Ressourcenbezogene Lage
LSP	Lernstichprobe
LT_u	Zeitliche Lage
m	Index für Problemmuster
M	Menge aller Abbildungen g von R x PZR nach $\Re$
MA_a	Materialressourcen
$\underline{MM}$	Mustermatrix
$\underline{mv}$	Mustervektor
N	Zahl der Elemente der Planungsmatrix sowie der Problem-mustermatrix
NN	Normalniveau
p	Index für Gestaltklassen
PE_c	Personalressourcen
PIS	Personalinformationssystem
PK_k	Problemklassen
PLM	Menge aller Planungsmatrizen
$\underline{PLM}$	Planungsmatrix, Planungsmuster
$\underline{plv}$	Planungsvektor
$\underline{PLV}$	Fouriertransformierter Planungsvektor in Matrixschreibweise
PM_p	Menge der Problemmuster einer Gestaltklasse GK_p
PPS	Produktionsplanung und -steuerung
PRM	Vorschrift zur Berechnung der Attributwerte der Problem-mustermatrizen
$\underline{PRM}_{p,m}$	Problemmustermatrix, Problemmuster
$\underline{prv}_{p,m}$	Problemmustervektor
PRV	Menge aller Problemmustervektoren
$\underline{pv}_p$	Prototypvektor
$\underline{PV}^{p^*}$	Konjugiert komplexer, fouriertransformierter Prototypvektor in Matrixschreibweise
PZA	Planungszeitabschnitt
PZR	Planungszeitraum

q	Index für Zeitreihentypen
r	Index für Ressourcen
s	Index für Parameter von Zeitreihentypen
RA	Ressourcenangebot
RB	Ressourcenbedarf
RD	Ressourcenbedarfsdeckung
R_r	Ressourcen
S.	Seite
SC-MELT	Synergetic Computer Melting
SCAP	Synergetic Computer Using Adjoint Prototypes
SCAPAL	Synergetic Computer Using Adjoint Prototypes Additional Learning
sog.	sogenannt
SW	Schwellwert
T	Zahl der zu betrachteten Planungszeitabschnitte, hochgestellt Bezeichnung für transponierte Vektoren
t	Index für Zeit
TH	Technische Hochschule
TM	Testmuster
TSP	Teststichprobe
TU	Technische Universität
u	Index für Lageklassen
u.	und
u.a.	unter anderem
usw.	und so weiter
Verl.	Verlag
$\underline{W}$	Matrix der Skalarprodukte der Prototypvektoren
x	Einzelressource, Laufindex
ZA	Abbildung für Analyse
$ZA^{aktuell}$	Aktuelles Analyseergebnis
ZAT	Abbildung zur Zuordnung konkreter Werte zu Planungsattributen
z.B.	zum Beispiel
ZG	Abbildung zur Zuordnung von Lageklassen zu Gestaltklassen
ZG_p	Lageklassen, die einer Gestaltklasse GK_p zugeordnet sind
ZL	Abbildung für Lernen
ZR	Abbildung zur Zuordnung von Zeitreihentypen zu Ressourcen

ZRE	Abbildung zur Zuordnung von Einzelressourcen zur für die Problemanalyse optimalen Ressourcengliederung
$ZRMML_r$	Zeitreihen-MinMax-Liste
$ZRPL_r$	Zeitreihen-Parameter-Liste
ZR_r	Menge der Zeitreihentypen, die einer Ressource zugeordnet sind
ZRT_q	Zeitreihentypen
$ZRT_{q,s}$	Parameter der Zeitreihentypen
z.T.	zum Teil
zugl.	zugleich
2D-DFT	Zweidimensionale diskrete Fouriertransformation
2DIDFT	Zweidimensionale inverserse diskrete Fouriertransformation
δ	Kroneckersymbol
$\gamma_{r,t}$	Elemente der Planungsmatrix
η^{Ruck}	Problemneutrale Rückweisungsschwelle
$\eta^{Ruck}_{p,p'}$	Ideale Rückweisungsschwelle
φ_j	Elemente des Mustervektors
$\varphi_{r,t}$	Elemente der Mustermatrix
$\tilde{\varphi}_{r,t}, \tilde{\tilde{\varphi}}_{r,t}$	Elemente der Mustermatrix nach Schritten der Mustervorverarbeitung
$\lambda_{r,t}$	Elemente der Problemmustermatrizen
$\mu_{p,j}$	Elemente der adjungierten Prototypvektoren
ξ_p	Ordnungsparameter
P	Potenzmenge
$I\!N$	Natürliche Zahlen
$\Re$	Reelle Zahlen

Bildverzeichnis

1 Einleitung

Das gleichermaßen hohe Erreichen von Kosten- und Zeitzielen, d.h. der Aufbau einer kurzfristigen, termintreuen Lieferbereitschaft zu marktfähigen Preisen, hat sich zur Voraussetzung der Wettbewerbsfähigkeit von Industrieunternehmen[1] entwickelt.[2] Hinzu kommt die Notwendigkeit, sich auf eine hohe Verschiedenartigkeit (Varietät) und einen raschen Wechsel der Kundenanforderungen einstellen zu müssen.[3] Für die Überlebensfähigkeit der Unternehmen ist es daher unverzichtbar, diesen Anforderungen eine mindestens gleich hohe, bedarfsorientierte Varietät des Leistungsprozesses entgegenzusetzen.[4] Dazu müssen vor allem die Fähigkeiten des Unternehmens zur vorausschauenden Gestaltung und schnellen, bedarfsorientierten Aktivierung von Aktionsparametern[5] zur Abstimmung der Produktionsressourcen[6] verbessert werden. Hohe Anforderungen an diese Aufgabe resultieren daraus, daß aufgrund der Kostenziele keine Ressourcenüberhänge, gleichzeitig aufgrund der Zeitziele aber auch keine Ressourcenengpässe auftreten dürfen (Bild 1-1).[7]

Die Lösung dieser Aufgabe hängt davon ab, wie gut die aufgrund der Markterfordernisse tatsächlich benötigte Varietät des Leistungsprozesses vorausschauend als Planungsgrundlage erkannt wird.[8] In der vorliegenden Arbeit soll dazu ein Beitrag geleistet werden, indem ein Verfahren zur Analyse der sich für die Ressourcenabstimmungsplanung[9] des Unternehmens stellenden Probleme entwickelt

---

[1] Vgl. Gutenberg (1979) S. 1f.

[2] Vgl. Gubitz (1994) S. 23.

[3] Vgl. Warnecke (1992).

[4] Diese These beruht Ashby's Law of Requisite Variety ("Only variety can destroy variety", vgl. Ashby (1970), S. 124ff u. S. 207). Zur Übertragung dieses Gesetzes auf die Lenkung von Leistungsprozessen im Industrieunternehmen vgl. MZSG (o.J.) S. 9.

[5] Unter Aktionsparametern werden in dieser Arbeit Maßnahmen und Verfahren zur Manipulation von Ressourcen verstanden (vgl. Fuchs (1990), S. 36).

[6] Produktionsressourcen sind die betrieblichen Elementarfaktoren der Leistungserstellung (vgl. Gutenberg (1979), S. 1-11).

[7] Vgl. Zahn et al. (1994b), S. 270, Gubitz (1994), S. 23. Hohe betriebstechnische Elastizität muß im Allgemeinen durch eine verhältnismäßig ungünstige Kostensituation erkauft werden. Künftig muß jedoch die Forschung stärker darauf gerichtet werden, diese Elastizität bei gleicher oder gar höherer Produktivität zu realisieren (vgl. Gutenberg (1979) S. 83, Westkämper (1989) S. CA 57).

[8] Vgl. Bunz et al. (1987).

[9] Vgl. Gutenberg (1979) S. 149 und Kapitel 2.2 dieser Arbeit.

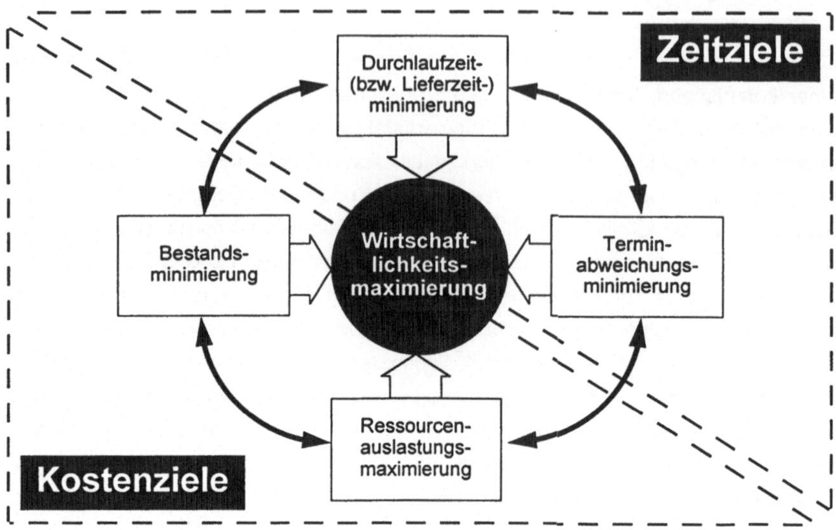

Bild 1-1:   Produktionsbezogene Zielstellungen im Industrieunternehmen[1]

wird. Problematisches Verhalten der Ressourcenbedarfe und/oder -angebote wird dazu als charakteristisches Muster einer Planungssituation aufgefaßt, welches mit Ansätzen aus dem Gebiet der synergetischen Mustererkennung analysiert wird. Eine derartige Lösung der Analyseaufgabe ist für die Ressourcenabstimmungsplanung vollkommen neu und öffnet die Möglichkeit zu einer vernetzten Erkennung und Vermeidung von Ressourcenengpässen und -überhängen. Im Unternehmen können auf Basis der durch dieses Analyseverfahren gewonnenen Erkenntnisse Marktanforderungen und Leistungsprozesse deutlich besser harmonisiert und somit gleichermaßen Kosten- und Zeitziele besser erreicht werden.

---

[1]   Vgl. Wiendahl (1990) S. 137, Fuchs (1990) S. 19.

2 Festlegung des Untersuchungsbereichs

2.1 Komplexe Produktionssysteme im turbulenten Umfeld

Die Produktion ist ein Subsystem des Unternehmens.[1] Es umfaßt die Ressourcen Material[2], Betriebsmittel[3] und Personal[4] als Elemente, vielfältige Beziehungen zwischen diesen Elementen sowie eine offene Systemgrenze. Die sich wandelnden Umfeldeinflüsse induzieren eine ständige Wandlungsnotwendigkeit im Produktionssystem (Bild 2.1-1). Hinzu kommt der systemimmanente Wandel des Produktionssystems selbst. Ein Beispiel dafür sind unvorhersehbare Einschränkungen der Ressourcenverfügbarkeiten.[5] Insgesamt wird das Produktionssystem dadurch zu einem komplexen System mit einer hohen Zahl verschiedener, zeitdynamischer Elemente und Beziehungen, sowie bedingter Reproduzierbarkeit, Prognostizierbarkeit und Berechenbarkeit.[6]

Der Wandel der Produktionsbedingungen weist ein breites Spektrum auf (Bild 2.1-2).[7] Bei sicherem Wandel handelt es sich um die Wiederholung von vertrauten und deshalb in ihren Ursachen und Wirkungen bekannten Veränderungen, auf die mit Routinemaßnahmen reagiert werden kann. Bei abschätzbarem Wandel liegen lediglich noch Ähnlichkeiten mit bekannten Veränderungen vor. Daher muß Verhaltenswissen über wahrscheinliche Entwicklungen gewonnen werden, um bereits proaktiv Anpassungen des Produktionssystems durchführen zu können. Bei offe-

---

[1] Für die Produktion ist eine systemische Sichtweise unumgänglich (vgl. Marks (1991) S. 3-44, Wiendahl (1988) S. 7-10). Zur Definition von Systemen und Subsystemen vgl. Gomez (1981) S. 29-69).

[2] Unter Material werden im Rahmen dieser Arbeit alle Rohstoffe, Zukaufteile, Halb- und Fertigfabrikate als Ausgangs- und Grundstoffe zur Produktion sowie die Fertigerzeugnisse verstanden (vgl. Gutenberg (1979) S. 122).

[3] Unter Betriebsmitteln werden im Rahmen dieser Arbeit technische Produktionsmittel wie Maschinen, Werkzeuge oder Vorrichtungen verstanden (vgl. Gutenberg (1979) S. 71). Eine Erweiterbarkeit der Betrachtung auf Grundstücke, Gebäude, Fördermittel, Werkstatteinrichtungen und Ähnliches ist unternehmensspezifisch möglich.

[4] Unter Personal werden im Rahmen dieser Arbeit alle Menschen zusammengefaßt, die im Unternehmen objektbezogene und/oder dispositive Arbeitsleistungen verrichten (vgl. Gutenberg (1979) S. 3).

[5] Huber spricht in diesem Zusammenhang auch von externer und interner Unsicherheit des Produktionssystems (vgl. Huber (1989)).

[6] Vgl. Marks (1991) S. 34f.

[7] Vgl. Stacey (1993) S. 27ff.

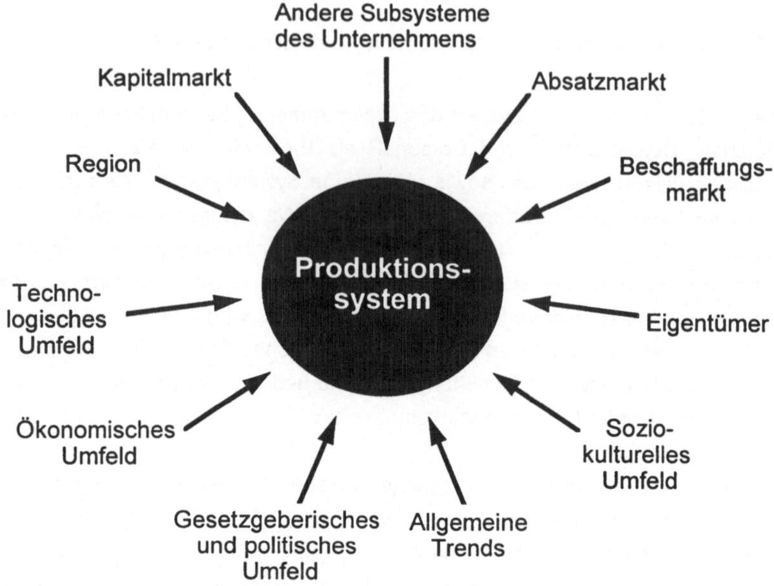

Bild 2.1-1:   Umfeldinduzierter Wandel im Produktionssystem[1]

nem Wandel wird das Produktionssystem mit völlig neuartigen Entwicklungen konfrontiert.[2] Obwohl derartige Entwicklungen dem Betrachter zufällig und turbulent[3] erscheinen, zeigt die Forschung, daß auch hier meist eine bestimmte Ordnung existiert.[4] Insofern bedeutet selbst ein turbulentes Umfeld nicht, daß sich die Produktionsbedingungen rein zufällig entwickeln, sondern daß sie Wahrscheinlichkeitsgesetzen folgen, die sich nicht unmittelbar aus Fakten erschließen lassen.

---

[1]   Vgl. Zäpfel (1989) S. 41, Bullinger (1995) S. 4, Horváth (1986) S. 5, Wiendahl (1988) S. 6.

[2]   Vgl. Zahn et al. (1994a), S. 3-5.

[3]   Turbulenz wird als Durcheinander, d.h. Regellosigkeit aufgefaßt, in der eine unmittelbare Ordnung nicht erkennbar ist (vgl. Haken et al. (1993) S. 20).

[4]   Vgl. Mainzer (1992) S. 277. Auf den Absatzmärkten stellen oftmals zunächst unerklärbare Phänomene in Wirklichkeit kontrollierte Entwicklungen dar, deren Verständnis sich jedoch nicht aus unmittelbaren Marktdaten ergeben (vgl. Mintzberg (1994)). Diese höhere Form der Ordnung ist durch die Gleichungen von Ordnungsparameter beschreibbar, deren Kenntnis den Schlüssel zur Gestaltung des Produktionssystems im turbulenten Umfeld darstellt (vgl. Warnecke 1992, S. 132).

Art des Wandels	Umfelddynamik	Antwort-verhalten	Funktions-weise	Wissens-kategorien
Sicherer Wandel	Ruhiges Umfeld	Reaktiv	Abarbeiten	Fakten-wissen
Abschätzbarer Wandel	Veränderliches Umfeld	Proaktiv	Anpassen	Verhaltens-wissen
Offener Wandel	Turbulentes Umfeld	Kreativ	Gestalten	Struktur- und Meta-wissen

Bild 2.1-2: Arten des Wandels der Produktionsbedingungen[1]

Nur Struktur- und Metawissen[2] ermöglichen ein Erkennen und Verstehen des offenen Wandels.

Für die Gegenwart und die Zukunft ist von allen drei Arten des Wandels auszugehen, wobei die Anteile des abschätzbaren und offenen Wandels gegenüber dem sicheren Wandel immer stärker zugenommen haben.[3] Speziell für die Produktion bedeutet dieser Paradigmenwechsel[4]

- die strikt bedarfsorientierte Produktion nachgefragter Erzeugnisse statt der Abkopplung der Produktion vom Absatzmarkt durch hohe Erzeugnisbestände und lange Durchlaufzeiten,

- die Interpretation des Produktionssystems als soziotechnisches System mit vernetzter Betrachtung der Ressourcen Betriebsmittel und Personal[5] und

- die Stärkung der schnellen Anpassungsfähigkeit durch die Verbindung neuer Informationstechnologien mit neuen organisatorischen Lösungen in Anlehnung an Erkenntnisse aus der belebten und unbelebten Natur.[6]

---

[1] Vgl. Zahn et al. (1994a) S. 4.

[2] Zur Erläuterung vgl. Kapitel 3.1 und 3.3 dieser Arbeit.

[3] Vgl. Warnecke (1995a) S. 459ff, Zahn et al. (1994a) S. 3-7, Groffmann (1992) S. 1.

[4] Vgl. Kühnle et al. (1995) S. 11-16.

[5] Vgl. Marks (1991) S. 16-53, Bullinger (1994) S. 187.

[6] Beispiele dafür sind die "Fraktale Fabrik" (vgl. Warnecke (1992)) und das "Bionic Manufacturing System" (vgl. Engel (1990)).

Da die notwendige Geschwindigkeit des Wandels das übliche Reaktionsvermögen eines Produktionssystems immer stärker übersteigt, kommt der vorausschauenden Planung eine immer stärkere Schlüsselrolle zu.[1] Planung bedeutet vor diesem Hintergrund vor allem die "... Durchführung eines willensbildenden, informationsverarbeitenden und prinzipiell systematischen Entscheidungsprozesses mit dem Ziel, zukünftige Entscheidungs- und Handlungsspielräume problemorientiert einzugrenzen und zu strukturieren ..."[2]. Die Planung der Produktion bei sich rasch wandelnden Bedingungen umfaßt daher die Planung der hinsichtlich Zeit- und Kostenzielen optimalen Aktionsvarietät[3] und die Aktivierung der situationsbezogen optimalen Aktionsparameter.

Voraussetzung für die Beherrschung des Wandels durch Planung sind "... Kenntnisse über den Wandel selbst, seine Erscheinungsform, (...) seine Ursachen und seine Konsequenzen sowie insbesondere deren Vorhersehbarkeit ..."[4]. Das Verstehen des Wandels bedeutet gemäß Bild 2.1-2, Fakten-, Verhaltens-, Struktur- und Metawissen über den Wandel selbst aufzubauen. Die vorliegende Arbeit soll mit einem Verfahren zum Wissensaufbau über den Wandel einen Beitrag zu systematischen Planungsprozessen unter sich stark veränderlichen Produktionsbedingungen leisten.

2.2 Abstimmungsplanung der Ressourcen Material, Betriebsmittel und Personal

Die Unternehmensplanung gliedert sich in die Teilplanungen Absatz-, Finanz- und Produktionsplanung.[5] Die Produktionsplanung als Untersuchungsbereich dieser Arbeit kann in die in Bild 2.2-1 aufgeführten drei funktionalen Teilplanungen Produktionsprogrammplanung, Ressourcenbereitstellungsplanung und Produktionsprozeßplanung weiter aufgegliedert werden.

---

[1] Vgl. Horváth (1986) S. 3.

[2] Szyperski et al. (1971).

[3] Vgl. Gomez (1981) S. 234-245.

[4] Zahn et al. (1994a) S. 3.

[5] Vgl. Gutenberg (1979). Bei dieser Gliederung umfaßt die Produktionsplanung die von anderen Autoren unterschiedene Produktionsplanung und -steuerung (PPS) und die Beschaffungsplanung. Zu dieser und der daraus sich ergebenden weiteren Differenzierung vgl. Grabowski (1985) S. V2-12, Kühnle (1987) S. 20-29.

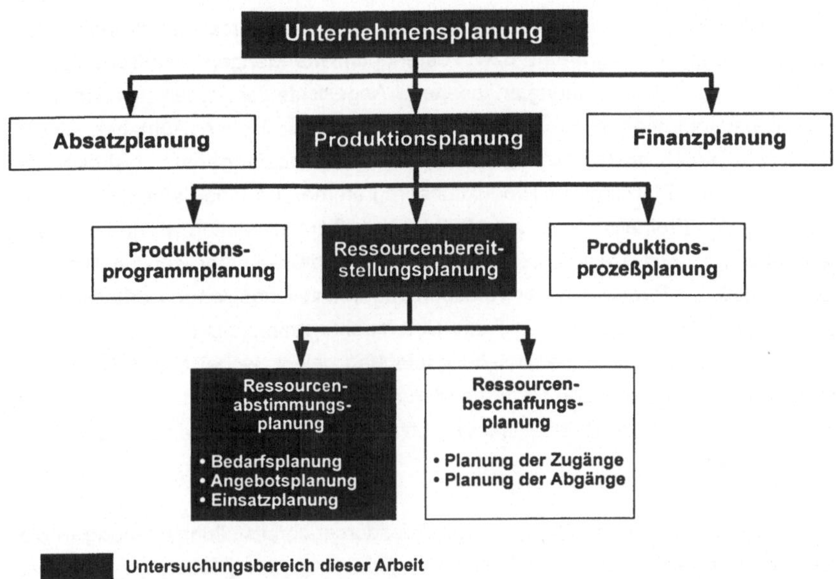

Bild 2.2-1:   Gliederung der Unternehmensplanung[1]

Bei der Produktionsprogrammplanung[2] wird auf Basis des Absatzprogramms unter der Zielstellung einer Gewinnmaximierung innerhalb einer Planungsperiode festgelegt, welche Erzeugnisarten und -mengen in welchen Zeitperioden hergestellt werden sollen. Die Ressourcenbereitstellungsplanung hat die Aufgabe, die zur Produktion benötigten Ressourcen Material, Betriebsmittel und Personal nach Art, Menge und Zeit so verfügbar zu machen, daß das Produktionsprogramm erfüllt und der Produktionsprozeß rationell gestaltet werden kann. Die Produktionsprozeßplanung hat die Aufgabe, Auftragsmengen, -termine und -reihenfolgen entsprechend der Erzeugnisbedarfsmengen und -termine sowie der Ressourcenverfügbarkeiten zu planen.[3]

In der Vergangenheit ist der Produktionsprogrammplanung und der Produktionsprozeßplanung große Aufmerksamkeit gewidmet worden. Als wichtigste Aufgabe

---

[1]   Vgl. Gutenberg (1979) S. 147-234, Drumm (1989) S. 115-235, Oeldorf et al. (1987) S. 20.

[2]   Programme enthalten Angaben über Arten, Mengen und Zeitperioden. Demgegenüber beinhalten Pläne zusätzlich Angaben zu Abläufen und Mitteln (vgl. Grabowski (1985) S. V2-3).

[3]   Vgl. Gutenberg (1979), S. 149.

wurde dabei die optimierte Nutzung der Produktionsressourcen durch gewinnoptimierte Produktionsprogramme bzw. kostenoptimierte Mengen- und Terminpläne im Rahmen der Prozeßplanung angesehen.[1] Angesichts der Forderung nach einer strikt bedarfsorientierten Produktion verlieren die klassischen Aufgaben dieser Planungen jedoch an Bedeutung. So werden Kundenaufträge immer stärker zur Vorgabe für die Planung der Produktionsprogramme und innerbetrieblichen Aufträge, d.h. den Freiheitsgraden zur Mengen- und Terminvariation werden sehr enge Grenzen gesetzt. Ressourcenrestriktionen sind dabei immer weniger zugelassen, so daß die Bedeutung der Ressourcenbereitstellungsplanung erheblich zugenommen hat. Der Schwerpunkt des Untersuchungsbereichs dieser Arbeit wird daher auf die Ressourcenbereitstellungsplanung gelegt, wobei eine scharfe Abgrenzung dieser Teilplanung zu den anderen genannten weder in Theorie noch in Praxis immer möglich ist, und die Vernetzung der Teilplanungen berücksichtigt werden muß.[2]

Wie in Bild 2.2.-1 dargestellt, kann die Ressourcenbereitstellungsplanung in die Abstimmungsplanung und die Beschaffungsplanung untergliedert werden. Der ständige, schnelle Wandel des Umfelds erfordert eine permanente Abstimmung der Ressourcen des Produktionssystems zur Vermeidung von Ressourcenunterdeckungen (Engpässen) und Ressourcenüberhängen. Engpässe verhindern die mengenmäßig ausreichende bzw. rechtzeitige Herstellung der Bedarfsmengen, d.h. Engpässe verhindern vor allem die Erreichung von Zeitzielen, während Ressourcenüberhänge nicht genutzte, aber kostenverursachende Produktionsfaktoren darstellen und demnach Kostenzielen entgegen stehen.[3] Zur Vermeidung bzw. Bewältigung von Engpässen und Überhängen werden durch die Abstimmungsplanung Aktionsparameter geplant, die wie folgt untergliedert werden können:[4]

---

[1] Zur Übersicht vgl. Kurz (1994).

[2] Vgl. Kochen (1979), Gutenberg (1979) S. 154, 157 u. 163.

[3] Die Wirkung eines Engpasses ist nicht lokal begrenzt. Vielmehr verursacht ein einzelner Ressourcenengpaß weitere Engpässe in Richtung des Herstellungsflusses, genauer gesagt verursachen Kapazitäts- und Materialengpässe weitere Materialengpässe auf nachgelagerten Stufen mit der Folge der Nichtverfügbarkeit oftmals einer Vielzahl von Erzeugnissen (vgl. Fuchs (1991) S. 27ff).

[4] Zur Übersicht über die vielfältigen Ausprägungen der Aktionsparameter zur quantitativen, zeitlichen, intensitätsmäßigen und qualitativen Ressourcenabstimmung vgl. Gutenberg (1979) S. 298-338 u. S. 354-358, Gubitz (1994) S. 194ff, Limbach (1987) S. 121-132, Dienstdorf (1972) S. 17-23, Schuff (1984) S. 41ff. Die Aktionsparameter bestimmen die Aktionsvarietät und hängen mit der Flexibilität des Produktionssystems zusammen. Diese kann gegliedert werden in technologische Flexibilität, strukturelle Flexibilität, kapazitive Flexibilität und Speicherfähigkeit (vgl. Schuff (1984) S. 33ff, Schneeweiß (1993) S. 207ff).

- Aktionsparameter des Ressourcenbedarfsabgleichs, mit denen Ressourcenbedarfe in enger Abstimmung mit der Produktionsprogrammplanung durch Variation von Art, Menge und Termin an die verfügbaren Ressourcenangebote angeglichen werden,

- Aktionsparameter der Ressourcenangebotsanpassung, mit denen die Ressourcenangebote an die Ressourcenbedarfe angepaßt werden,

- Aktionsparameter der Ressourceneinsatzvariation, mit denen die wechselseitige Zuordnung der Ressourcenangebote und Ressourcenbedarfe zueinander verändert wird.

Die Aktionsparameter haben zum Teil gegenläufige Wirkung auf Kosten- bzw. Zeitziele, so daß das Planungsproblem zu einem Optimierungsproblem wird.[1] Die Ansätze aus Forschung und Praxis zur Lösung dieses Optimierungsproblems genügen den Anforderungen - wie in Kapitel 3 und 4 ausführlich dargestellt - jedoch nur eingeschränkt. Kritisch anzusehen ist vor allem die unzulässige Reduktion der Planungskomplexität. Dies geschieht auf mehreren Ebenen:

- Es erfolgt eine Konzentration der Planung auf eine einzige oder einige wenige Ressourcen. Der Umgang mit den übrigen ist entsprechend suboptimal.[2]

- Die Abstimmungsplanung für Betriebsmittel, Personal und Material erfolgt aus Sicht der Zuständigkeiten im Unternehmen getrennt voneinander, was zu nicht miteinander harmonisierenden Einzelplanungen führt.

- Es herrscht das Konzept zyklischer statt ereignisorientierter Planung vor, welche den Anforderungen an die Reaktionsschnelligkeit angesichts des schnellen Wandels des Umfelds nicht mehr gerecht wird.

- Es erfolgt eine einseitige Fokussierung entweder auf die Lösung von Engpaß- oder Überhangproblemen.

- Viele Symptome weisen darauf hin, daß in den Unternehmen die Abstimmungsplanung noch zu reaktiv gehandhabt wird, was sich entweder in permanenter, operativer Anpassungshektik[3] oder in periodischer, verspäteter Ressourcenanpassung mit einschneidenden Aktionsparametern erkennen läßt.[4]

---

[1] Vgl. Gutenberg (1979) S. 76-85, Gubitz (1994) S. 23.

[2] Vgl. Wittenberg (1995) S. 60.

[3] Vgl. Schweigert et al. (1994).

[4] Beispielsweise erfolgt die Reaktion auf Absatzschwankungen nicht kontinuierlich, sondern ver-

Die Ergebnisse dieser Komplexitätsreduzierung sind nicht optimal bewältigte bzw. planerisch vermiedene Engpässe und Überhänge. Bezogen auf das theoretische Leistungsvermögen werden in der Praxis für Betriebsmittel typischerweise oft nur 6-10% effektive Nutzung und für Personal etwa 40-70% erreicht.[1] Daraus leitet sich für die Industrieunternehmen weiterhin ein hoher Handlungsbedarf für eine verbesserte Abstimmungsplanung der Ressourcen ab. Die Abstimmungsplanung mit den Teilplanungen Bedarfsplanung, Angebotsplanung und Einsatzplanung wird daher als Untersuchungsbereich dieser Arbeit definiert.[2] Die davon abgrenzbare Ressourcenbeschaffungsplanung hat den Charakter einer Vollzugsplanung, mit der die Vorgaben der Abstimmungsplanung durch optimierte Beschaffungsquellen und -wege umgesetzt werden, und wird hier aufgrund ihrer Andersartigkeit nicht weiter verfolgt.[3]

Die Ressourcenabstimmungsplanung kann wie in Bild 2.2-2 dargestellt weiter inhaltlich untergliedert werden. Bezüglich der Planungsgegenstände können die Materialplanung, die Betriebsmittelplanung und die Personalplanung unterschieden den werden, wobei auf die Notwendigkeit zur Vernetzung bereits hingewiesen wurde. Betriebsmittel- und Personalplanung werden in der Literatur auch als Kapazitätsplanung[4] bezeichnet. Im folgenden wird jedoch für die Planung von Material (einschließlich Erzeugnissen), Betriebsmitteln und Personal nur noch der allgemeingültigere Begriff Ressourcenplanung verwendet.

---

spätet und durch schnell wirkende, einschneidende Maßnahmen wie Massenentlassungen und Werksschließungen mit oft vermeidbar hohen Abstimmungskosten.

[1] Vgl. Bullinger (1995) S. 9.

[2] Bei der Materialplanung wird die Angebotsplanung auch Bestandsplanung genannt. Zum Überblick und zur Gliederung der Materialbereitstellungsplanung vgl. Oeldorf et al. (1987).

Bei der Betriebsmittelplanung werden mit der Bedarfsplanung vor allem Planungen bezüglich Investition und Desinvestition abgedeckt, mit der Angebotsplanung verfügbarkeitsbezogene Planungen und mit der Einsatzplanung die klassische Arbeitsplanung. Zum Überblick und zur Gliederung der Betriebsmittelbereitstellungsplanung vgl. Wiendahl (1988) S. 146-207, Gutenberg (1979) S. 173-183.

Bei der Personalplanung wird in der Literatur die Angebotsplanung auch als Ausstattungsplanung oder Bestandsplanung bezeichnet, während zur Beschaffungsplanung die Personalbeschaffungs-, freisetzungs-, ausbildungs- und -entwicklungsplanung gezählt werden. Die Einsatzplanung löst das klassische "personal assignment problem". Zum Überblick und Gliederung der Personalbereitstellungsplanung vgl. Drumm (1989), speziell S. 120-122, Drumm (1992) S. 1760, Kossbiel (1988) S. 1053, Kossbiel (1992), Hackstein (1989) S. 7ff, Eckardstein (1979), Kochen (1979) S. 7, Gutenberg (1979) S. 183-189, Bullinger (1992) S. 108f.

[3] Vgl. Hackstein (1989) S. 11.

[4] Die Kapazität beschreibt das Leistungsvermögen einer Ressource pro Periode (vgl. Oetting (1951), S. 9ff, Kern (1962), Refa (1985), Dienstdorf (1972), S. 12)).

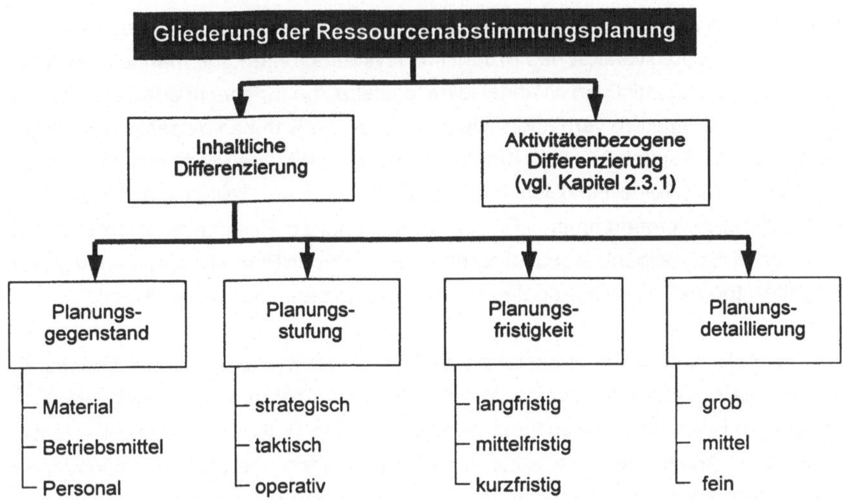

Bild 2.2-2:   Inhaltliche Gliederung der Ressourcenabstimmungsplanung [1]

Die weitere Untergliederung der Abstimmungsplanung betrifft Planungsstufen[2], Fristigkeiten[3] und Detaillierungen[4]. Vor dem Hintergrund der angenommenen verschiedenen Arten des Wandels der Produktionsbedingungen wird im Rahmen dieser Arbeit keine wie in der Literatur meist vorgenommene explizite Einschränkung des Untersuchungsbereichs auf eine bestimmte Planungsstufe bzw. die damit zusammenhängende Fristigkeit vorgenommen. Aus methodischer Sicht sind die angeführten Schwachpunkte der Planung darauf zurückzuführen, daß Methoden zur Beherrschung sicheren Wandels auch zur Bewältigung von abschätzbarem oder gar offenem Wandel verwendet werden. Als Problem der Abstimmungsplanung insgesamt muß gesehen werden, daß mangelnde Kenntnisse über den

---

[1] Vgl. Horváth (1986) S. 202. Das Ziel einer derartigen Gliederung ist die Hierarchisierung der Planung (vgl. Voigt (1993) S. 22ff).

[2] Vgl. Anthony (1965) S. 16ff. Zur Unterscheidung zwischen strategischer, taktischer und operativer Ressourcenplanung vgl. Zäpfel (1989a) S. 2f. Speziell zur strategischen Ressourcenplanung vgl. Zäpfel (1989a), speziell S. 139-146), zur taktischen Ressourcenplanung vgl. Zäpfel (1989b), speziell S. 129-141.

[3] Vgl. Bircher (1976) S. 60. Am Beispiel des Maschinenbaus wird ein Horizont von bis zu zwei Wochen als kurzfristig, als mittelfristig etwa ein bis drei Monate und als langfristig etwa sechs Monate bis zwei Jahre bezeichnet (vgl. Wiendahl (1988) S. 217ff). Zu weiteren Definitionen vgl. Michel (1991) S. 41.

[4] Die Untergliederungen führen in der Praxis zu ähnlichen Planungen. So sind beispielsweise operative Planungen meist kurzfristig und fein detailliert (vgl. Kühnle (1987) S. 24, Michel (1993) S. 42).

mittel- bis langfristigen Wandel zu einer eingeschränkten vorausschauenden Gestaltung der Aktionsvarietät des Produktionssystems führen und mangelndes Wissen über den kurzfristigen Wandel eine gezielte, bedarfsorientierte Anwendung von Aktionsparametern verhindert. Daher werden im Rahmen dieser Arbeit, abgesehen von in Kapitel 2.3 und Kapitel 3 später noch ausgeschlossenen reinen Grobplanungen, keine inhaltlichen Einschränkungen auf Teilgebiete der Abstimmungsplanung vorgenommen.[1] Für die verschiedenen Ressourcenarten ergeben sich jedoch Schwerpunkte bezüglich der Relevanz der Planungsinhalte und somit Vorgaben für die Fokussierung des Untersuchungsbereiches dieser Arbeit.

Bei der Ressource Material bestehen weitreichende Möglichkeiten für die Gestaltung wirksamer Aktionsparameter zur quantitativen Abstimmung, jedoch aufgrund eindeutiger Materialspezifikationen meist nur geringe Potentiale für flexiblen Materialeinsatz. Angesichts der zunehmend turbulenten Produktionsbedingungen kommt vor allem der quantitativen, vorausschauenden mittel- bis langfristigen Materialbedarfs- und -angebotsplanung aufgrund der sehr hohen Freiheitsgrade besonders hohe Bedeutung zu.

Bei der Ressource Betriebsmittel ist zu beachten, daß die technologische Flexibilität je nach unternehmensspezifischem Anwendungsfall sehr verschieden sein kann. Für den Untersuchungsbereich von Interesse sind daher vor allem Anwendungsfälle, bei denen Produktionsalternativen entweder bereits existieren oder gestaltet werden können. Im erstgenannten Fall steht die planerische Nutzung von Aktionsparametern zur kurz- oder mittelfristigen Einsatzvariation im Vordergrund. Im letztgenannten Fall konzentrieren sich die Planungsinhalte eher auf eine mittel- bis langfristige Betriebsmittelanpassung durch bedarfsgerechte Flexibilisierung und Investition bzw. Desinvestition.[2]

Die Ressource Personal ist die flexibilitätsbestimmende Ressource der Produktion.[3] Die vielfältigen Möglichkeiten zur Gestaltung von Aktionsparametern zur Personalanpassung und zur Variation des Personaleinsatzes führen zur gleicherma-

---

[1] Dadurch werden strategische Ressourcenplanungen nicht zwingend ausgeschlossen. So stellen in der Bereitstellungsplanung für Betriebsmittel beispielsweise die langfristige Investitionsplanung und die mittel- oder kurzfristige Arbeitsplanung prinzipiell die gleichen funktionalen Vorgänge dar und können mit den gleichen Planungsmethoden bearbeitet werden (vgl. Wiendahl (1988), S. 194f u. S. 219ff).

[2] Vgl. Wiendahl (1990) S. 194f.

[3] Vgl. Marks (1991) S. 14.

ßen hohen Bedeutung aller Planungsstufen und -fristigkeiten für die Abstimmungsplanung dieser Ressource.

Neben den beschriebenen Einschränkungen hinsichtlich relevanter Planungsinhalte wird im folgenden Kapitel eine aktivitätenorientierte Einschränkung auf die Planungsphase vorgenommen, die den wesentlichen Schwachpunkt innerhalb der Gesamtplanung darstellt.

2.3 Analyse von Problemen der Ressourcenabstimmung

2.3.1 Einordnung der Problemanalyse in den Planungsprozeß der Ressourcenabstimmung

Für die Ressourcenabstimmung im Rahmen der Produktionsplanung werden vier Planungsphasen unterschieden (Bild 2.3-1). Die Phase der Zielbildung hat im wesentlichen die Aufgabe der Operationalisierung von Kosten- und Zeitzielen entsprechend der konkret verfolgten Stufe und Fristigkeit der Planung.[1] Die Phase der Problemanalyse hat die Aufgabe, das Produktionssystem durch Festlegung von Kontrollobjekten und Erfassung von Kontrolldaten zu überwachen, Soll/Ist-Abweichungen und andere problematische Situationen zu erkennen und diese Probleme hinsichtlich Aspekten wie Art (z.B. Engpaß oder Überhang), Zielrelevanz, Dringlichkeit und Zeitbezug einzuordnen.[2] Die Phase der Problemlösung besteht in der Suche von Lösungsalternativen, d.h. Aktionsparametern zur Ressourcenabstimmung, der Bewertung der Alternativen und der Entscheidungsfindung. Die besondere Schwierigkeit dieser Phase besteht in der Vielzahl der möglichen Aktions-, Reaktions- und Datenparameter.[3] Die Phase der Implementation der gewählten Lösungsalternative besteht im Vollzug der Planungsvorgaben, d.h. der planerischen bzw. tatsächlichen Anwendung der gewählten Aktionsparameter.

---

[1] Im Rahmen der Operationalisierung können sowohl die Formalziele bezüglich Kosten und Zeit konkretisiert als auch Sachziele, d.h. auf reale Objekte oder Aktivitäten bezogene Ziele, abgeleitet werden (vgl. Kosiol (1967) S. 12).

[2] Vgl. Wild (1974) S. 32ff.

[3] Während Aktionsparameter die alternativen Handlungsmöglichkeiten beschreiben, stellen die Reaktionsparameter die voraussichtlichen Wirkungen der Aktionsparameter auf das System bzw. die Zielfunktion und die Datenparameter nicht beeinflußbare Anwendbarkeitsrestriktionen der Aktionsparameter dar (vgl. Kosiol (1967) S. 37f).

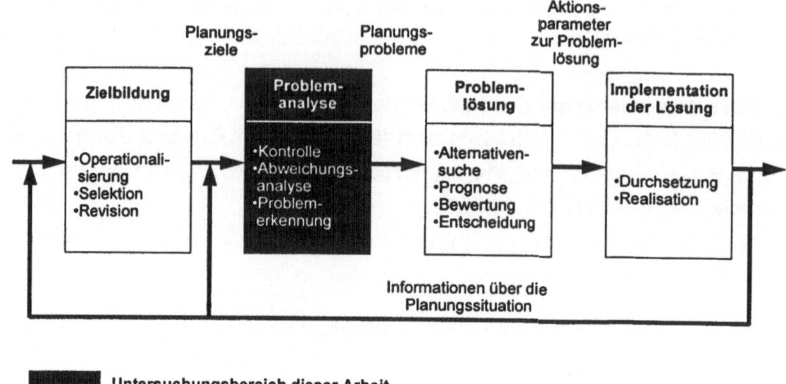

Bild 2.3-1: Planungsphasen als aktivitätenbezogene Gliederung der Abstimmungsplanung[1]

Vor allem die Forschung zur Unterstützung der Phase der Gestaltung von Problemlösungen ist in der Vergangenheit intensiv verfolgt worden. Dabei hat sich gezeigt, daß die Aufgabe des Bestimmens von Lösungsalternativen zumindest ansatzweise durch Expertensysteme[2] erfolgen kann, aufgrund der Vielzahl der in dieser Phase zu beachtenden Parameter jedoch überwiegend der Kreativität des Problemlösers überlassen werden muß.[3] Die Bewertung der Alternativen hinsichtlich Zustandstransformation des Produktionssystems und Ertrag im Sinne der Zielfunktion kann hingegen umfassend von EDV-gestützten Simulationssystemen wirksam unterstützt werden.[4]

Die Phase der Problemanalyse wird in der Literatur mitunter als die schwierigste im gesamten Planungsprozeß bezeichnet[5], zugleich wird ihr aber auch der ent-

---

[1] Die Grobgliederung ist angelehnt an den häufig zitierten Systemansatz von Bircher (1976) S. 281ff (vgl. auch Horváth (1986) S. 139ff). Zur Feingliederung, Definition und Erläuterung aller Begriffe vgl. Wild (1974) S. 32ff. Ähnliche Untergliederungen sind in Mintzberg et al. (1976) S. 266, Kreikebaum (1993) S. 120ff und Krallmann (1994) S. 331 aufgeführt.

[2] Vgl. Puppe (1990).

[3] Vgl. Gubitz (1994) S. 206, Czeghun et al.(1987) S. 179.

[4] Zum Überblick über den Stand der Technik bezüglich entscheidungsunterstützender Systeme vgl. Meyer et al. (1995). Speziell zur Simulation vgl. Noche (1990), Seliger et al. (1993), Weinmann (1978), Chen (1991), Becker (1991, Kapoun (1988).

[5] Vgl. Schein (1988) S. 62ff.

scheidende Einfluß auf das Planungsergebnis beigemessen[1], da "... die Qualität von Planungsentscheidungen (...) letztlich von der Richtigkeit und Aktualität der zugrunde gelegten Erkenntnisse ..."[2] abhängt. Unzureichende Verfahren zur Problemanalyse führen dazu, daß in der Praxis Probleme der Ressourcenabstimmung nicht systematisch und vorurteilsfrei analysiert, sondern häufig rein zufällig erkannt werden.[3] In der Vergangenheit war eine systematische Problemanalyse zum Teil verzichtbar, da der Anteil sicheren Wandels der Produktionsbedingungen hoch war. Durch die gestiegenen Anteile des abschätzbaren und offenen Wandels wird der Abstimmungsplanung ohne integrierte Problemanalyse jedoch die Grundlage entzogen. Der Problemanalyse kommt immer mehr die Aufgabe des Vermittelns zwischen komplexer Planungssituation und komplexer Problemlösung zu. Unzureichende Problemanalyse führt zu erheblichem Planungsaufwand für den Problemlöser, da er die Aktionsvarietät nicht auf Basis leistungsfähiger Problemanalysen gezielt eingrenzen kann. Zusätzlich resultieren immer unzureichendere Planungsergebnisse, da der Entscheidungsbedarf nicht erkannt oder falsch interpretiert wird. Dementsprechend werden nur einzelne Problemsymptome bekämpft, nicht jedoch die Probleme ganzheitlich erkannt und bewältigt. Daher ist der Analysebedarf in der Ressourcenabstimmungsplanung erheblich gestiegen und deutlich anspruchsvoller als in der Vergangenheit.[4] Der Forschungstätigkeit auf diesem Gebiet kommt damit eine Schlüsselrolle zur verbesserten Planungsunterstützung für den Problemlöser und eine höhere Zielerreichung der gesamten Abstimmungsplanung zu. Aus diesem Grund beschränkt sich der Untersuchungsbereich dieser Arbeit auf diese Planungsphase der Problemanalyse.

2.3.2 Aufgaben der Problemanalyse

Die Aufgabe der Problemanalyse besteht in der Versorgung der folgenden Planungsphase (Problemlösung) mit zweckbezogenen[5] Informationen über Probleme der Ressourcenabstimmung. Im folgenden wird angenommen, daß der Mensch in seiner Rolle als Produktionsplaner Empfänger dieser Informationen ist. Unter Problemen der Ressourcenabstimmung werden alle statischen und dynamischen Zu-

---

[1] Vgl. Staehle (1991) S. 271.

[2] Czeghun et .al. (1987) S. 169.

[3] Vgl. Irle (1971).

[4] Vgl. Gubitz (1994) S. 175ff.

[5] Vgl. Wittmann (1959) S. 14, Bullinger (1994) S. 258.

stände[1] des Produktionssystems verstanden, die der optimalen Erreichung von Kosten- und Zeitzielen entgegenstehen. Dazu müssen Informationen, die die Planungssituation des Produktionssystems charakterisieren, analysiert werden. In Bild 2.3-2 wird der zugrunde zu legende Aufgabenumfang der Problemanalyse, näher aufgeschlüsselt.

Die Aufgaben der Kontrolle, Abweichungsanalyse und Problemerkennung bauen aufeinander auf. Während mit der Kontrolle die Informationsgrundlage zur Analyse geschaffen wird, führen die weiteren Schritte eine Erkennung relevanter Abweichungen und ihre problemorientierte Einordung durch. Insgesamt leistet die Problemanalyse damit einen Wissenszuwachs über die in einer Planungssituation vorliegenden Probleme der Ressourcenabstimmung.

Aufgaben der Problemanalyse	
Kontrolle	• Festlegung von Kontrollobjekten und -zeitpunkten • Kontrolldatenerfassung (Ist- bzw. Wird-Größen-Bestimmung) • Soll/Ist- bzw. Soll/Wird-Vergleich • Festlegung zulässiger Abweichungen
Abweichungsanalyse	• Feststellung von Art, Ort und Ausmaß von Abweichungen • Feststellung von Abweichungskonsequenzen • Feststellung von Abweichungsursachen • Ermittlung von Ansatzpunkten zur Abweichungsbeseitigung
Problemerkennung	• Erkennung und Beschreibung von Problemen • Auflösung des Gesamtproblems in Einzelprobleme • Abgrenzung und Strukturierung der Einzelprobleme nach Kriterien wie Zeitbezug und Zielrelevanz • Erkennung von Problemursachen und Ansatzpunkten zur Ursachenbehebung bzw. Problemlösung

Bild 2.3-2:   Aufgaben der Problemanalyse[2]

---

[1]   Zur Definition vgl. Gomez (1991) S. 137 u. S. 141ff.

[2]   Vgl. Wild (1974) S. 32ff.

2.3.3 Ziele der Problemanalyse

Die Ergebnisse der Problemanalyse sind problemorientierte Informationen, die erst über Aktionsparameter der Problemlösung und Lösungsimplementation zur verbesserten Erreichung von Kosten- und Zeitzielen beitragen.[1] In der Literatur wird daher ersatzweise angenommen, daß die Phase der Problemanalyse die größten Beiträge zum Planungsprozeß leistet, wenn sie selbst den in Bild 2.3-3 aufgeführten Zielen genügt.[2]

Durch Frühzeitigkeit und Aktualität der Problemanalyse können Zeitverluste im gesamten Planungsprozeß vermieden werden. Zeitverluste führen zu eingeschränkten Handlungsspielräumen bei der Bewältigung von Engpässen und Überhängen, da Aktionsparameter mit langen Reaktionszeiten ausgeschlossen werden müssen. Ziel muß daher ein Zeitgewinn im Planungsprozeß sein, durch den das Entstehen von Ressourcenengpässen und -überhängen bereits im Vorfeld vermieden werden kann (Analyseziel Zeitgewinn).

Die Zahl unerkannter Probleme der Ressourcenabstimmung ist hoch und droht durch das zunehmend turbulente Umfeld noch anzuwachsen. Auch wenn nicht alle Engpässe und Überhänge erkannt werden können, so ermöglicht eine systematische Problemanalyse doch die Minimierung des Restrisikos für Kosten- oder Zeitüberschreitungen (Analyseziel Risikominimierung).

Der Produktionsplaner muß durch die Analyse für den Wandel der Produktionsbedingungen sensibilisiert werden. Diese Sensibilisierung ermöglicht ein Verstehen der grundlegenden Problematiken und einen Lernprozeß bezüglich der Entscheidungsrelevanz von Problemen der Ressourcenabstimmung (Analyseziel Sensibilisierung).[3]

---

[1] Zum damit berührten Themenkomplex der Nutzenbewertung von Information vgl. Wild (1971) S. 325.

[2] Vgl. Wiehl (1988) S. 280.

[3] Dazu genügt nicht nur eine Bereitstellung entscheidungsrelevanter Informationen, sondern vor allem auch deren Verarbeitung und Aufbereitung so, daß die Entscheidungssicherheit erhöht wird (vgl. Bullinger (1994) S. 279).

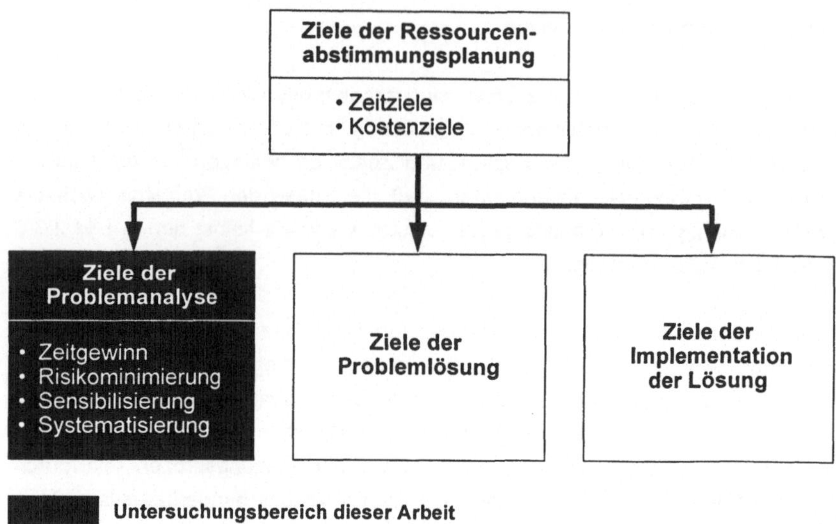

Bild 2.3-3:   Ziele der Problemanalyse der Ressourcenabstimmungsplanung[1]

Die Durchführung einer systematisierten Problemanalyse steigert nicht nur die Qualität der gewonnenen Analyseinformationen, sondern stellt auch die Weiterleitung an die Entscheidungsträger der Abstimmungsplanung sicher (Analyseziel Systematisierung).

Neben der Unterstützung der verbesserten Erreichung der globalen Zeit- und Kostenziele kann die Problemanalyse Beiträge zu weiteren ressourcenspezifischen Zielen leisten, von denen nur beispielhaft soziale Ziele, die mit einer frühzeitigen Abstimmungsplanung der Ressource Personal zusammenhängen, erwähnt werden sollen.[2]

---

[1] Vgl. Wiehl (1988) S. 280.

[2] Eine frühzeitige Abstimmungsplanung ermöglicht beispielsweise eine sozialverträgliche Personalfreisetzung.

2.3.4 Computergestützte Problemanalyse

Zur Unterstützung der Produktionsplanung werden in der Praxis vielfältige ideelle und technische Planungs- und Informationsversorgungsinstrumente[1] eingesetzt. Vor allem die Existenz von Produktionsplanungs- und Steuerungssystemen (PPS-Systemen) kann heute als vorhanden vorausgesetzt werden.[2] Speziell für die Phase der Problemanalyse der Ressourcenabstimmungsplanung sind Planungsinstrumente unverzichtbar, da große Informationsmengen über die Planungssituation verarbeitet werden müssen.[3] Planungsinstrumente zur Unterstützung von Analyseaufgaben werden oft als Führungsinformationssysteme[4] realisiert. Derartige Lösungen wurden durch die Antizipation des technischen Fortschritts im Hardwarebereich vorangetrieben, die zu unternehmensweiten Informationsnetzwerken mit einer ständigen Vervielfachung der am Arbeitsplatz des Produktionsplaners verfügbaren Speicherfähigkeit und Rechenleistung geführt hat.[5] Bild 2.3-4 zeigt die Architektur eines solchen Führungsinformationssystems. Die in dieser Arbeit eingegrenzten Aufgaben der Problemanalyse sind vergleichbar mit den Applikationsmodulen für Diagnose, Frühwarnung und Monitoring, die auch als Module zum Produktionscontrolling bezeichnet werden.[6]

---

[1] Ideelle Instrumente beinhalten Modelle, Methoden und Verfahren, während technische Instrumente computergestützte Realisierungen der ideellen Instrumente darstellen. Informationsversorgungsinstrumente beschaffen Informationen, die von Planungsinstrumenten weiterverarbeitet werden (vgl. Horváth (1986) S. 372-377, Kosiol (1967) S. 92, Kirsch (1973) S. 377f). Entsprechend dieser Definitionen soll im Rahmen dieser Arbeit ein ideelles Planungsinstrument entwickelt werden.

[2] Vgl. Förster et al. (1987). Personalinformationssysteme (PIS) mit dispositiven Funktionalitäten sind hingegen noch nicht so weit verbreitet, wobei die Notwendigkeit dazu anerkannt ist (vgl. Drumm (1989) S. 73-87, Braun (1994) S. 38f, Wagner et al. (1992) S. 1711-S. 1723, speziell S. 1714).

[3] Die große zu betrachtenden Informationsmenge übersteigt die begrenzte informationsverarbeitende Kapazität des Menschen (vgl. Horváth (1986) S. 139).

[4] Vgl. Gronau (1994), Groffmann (1992), Horváth (1986) S. 363. Zu den Vorteilen von Führungsinformationssystemen als von PPS-Systemen getrennte Analysemodule vgl. Gronau (1992) S. 160f, zur Aktualität derartiger Systeme vgl. Bullinger (1993) S. 33, Bullinger (1994) S. 279-282. Da die funktionale Abgrenzung von EDV-Systemen angesichts des verbreiteten Wandels hin zu ganzheitlichen, teilautonomen Unternehmens- bzw. Produktionsstrukturen an Bedeutung verliert, kann die Problemanalyse künftig auch als Bestandteil einer integrierten Funktionsbibliothek zur Planung und Steuerung realisiert werden, auf die bedarfsorientiert zugegriffen werden kann (vgl. Westkämper et al. (1994) S. 18).

[5] Vgl. Westkämper et al. (1994) S. 16, Gronau (1992) S. 160.

[6] Vgl. Wiendahl (1990), Gronau (1992) S. 160.

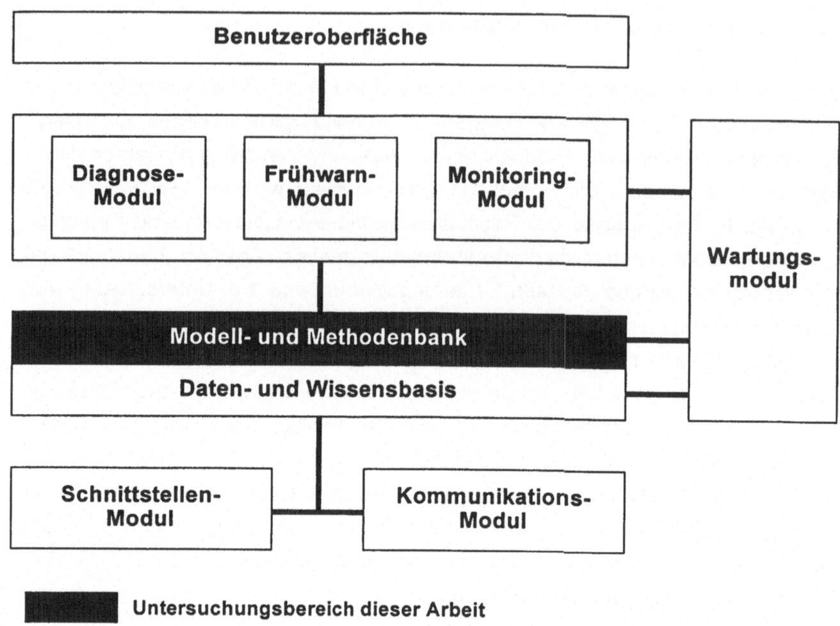

Bild 2.3-4:   Architektur eines Führungsinformationssystems[1]

Die aufgeführten Defizite bei der praktischen Analyse von Problemen der Ressourcenabstimmung und die wachsenden Analyseanforderungen aufgrund der zunehmend turbulenten Produktionsbedingungen zeigen, daß die eingegrenzte Problemanalyse in erster Linie ein Methodenproblem darstellt. Insofern soll im Rahmen dieser Arbeit eine neuartige Analysemethode entwickelt werden, so daß der Untersuchungsbereich dieser Arbeit auf die Modell- und Methodenbank eingeschränkt wird. Methoden oder Verfahren sind Algorithmen, die auf die Informationen in der Daten- und Wissensbasis angewendet werden und ihre technische Realisierung in den genannten Applikationsmodulen finden.

Zusammengefaßt besteht nach den Ausführungen in Kapitel 2 der Untersuchungsbereich dieser Arbeit in der Produktionsplanung für komplexe Produktionssysteme bei stark veränderlichen Bedingungen. Für die Phase der Analyse von Problemen der Ressourcenabstimmung soll ein Verfahren mit einem neuen methodischen Ansatz zur Kontrolle, Abweichungsanalyse und Problemerkennung

---

[1]   Vgl. Gronau (1992) S. 162, Gronau (1994) S. 9.

entwickelt werden. Das Verfahren soll zur Problemanalyse für alle Ressourcen, d.h. Material (einschließlich Erzeugnissen), Betriebsmittel und Personal, alle Planungsstufen und Planungsfristigkeiten einsetzbar sein. Die Problemanalyse soll durch Zeitgewinn, Risikominimierung, Sensibilisierung und Systematiserung zur verbesserten Erreichung von Kosten- und Zeitzielen im produzierenden Unternehmen beitragen.

3 Anforderungen an ein Verfahren zur Analyse von Problemen der Ressourcenabstimmung

3.1 Aufbau der Problemanalyse

Die Problemanalyse hat die Aufgabe, Wissen über Probleme der Ressourcenabstimmung aus Informationen über die Planungssituation zu gewinnen. Aus diesem Verständnis heraus können Anforderungen an notwendige Bestandteile zum Aufbau des zu entwickelnden Analyseverfahrens abgeleitet werden (Bild 3.1-1).

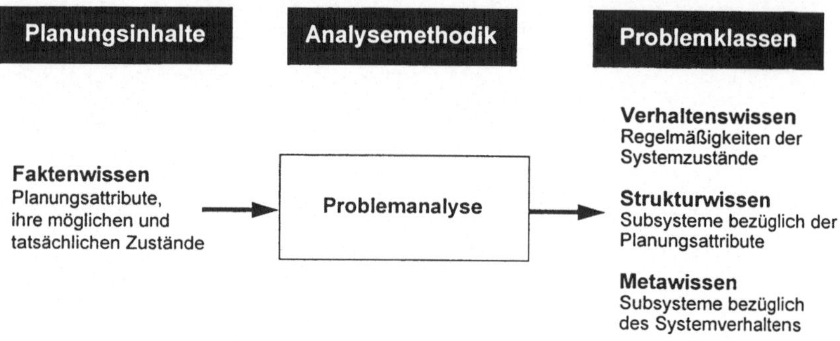

Bild 3.1-1:   Aufbau der Problemanalyse der Ressourcenabstimmungsplanung[1]

Eingangsinformation der Problemanalyse ist Faktenwissen[2] über die Planungssituation, also Wissen über konkrete Zustände von Attributen der Planungsobjekte. Mit der Festlegung, welche Ressourcen, Zeiträume und Attribute analysiert werden sollen, werden die konkreten Inhalte der Abstimmungsplanung gemäß Bild 2.2-2 festgelegt. Zusammen mit der Aufbereitung der dazu beschafften Informationen ist dies Teil der Kontrollaufgaben der Problemanalyse.[3] Der erste Bestandteil des Analyseverfahrens muß daher insgesamt eine anwendungsspezifische Modellierung und strukturierte Abbildung der Planungsinhalte der Ressourcenabstimmung ermöglichen.

---

[1]   Zur Systematisierung des Wissens ausgehend vom Wissensstand eines Beobachters vgl. Klir (1969), Klir (1977), Gomez (1981) S. 133-170. Zur Erläuterung vgl. auch Kap. 3.2, 3.3 und 6.2 dieser Arbeit.

[2]   Faktenwissen umfaßt Basis- und Datenwissen (vgl. Klir (1977)).

[3]   Vgl. Bild 2.3-2 dieser Arbeit.

Ergebnis der Problemanalyse soll höheres Wissen als Faktenwissen sein, nämlich Verhaltens-, Struktur- und Metawissen[1]. Bezogen auf die Ressourcenabstimmungsplanung repräsentieren diese Wissenskategorien in erster Linie problemorientiertes Wissen über Ressourcenengpässe und -überhänge (Bild 3.1-2). Die Anforderung daran, wie dieses Wissen optimal repräsentiert wird, ergibt sich aus den Anforderungen des Menschen als Problemlöser, der dazu neigt, Kategorien für gleichartige bzw. ähnliche Phänomene zu bilden.[2] Der zweite Bestandteil der Problemanalyse muß demnach eine anwendungsspezifische Modellierung und Abbildung dieser Problemkategorien, präziser formuliert der Problemklassen[3] der Ressourcenabstimmung ermöglichen.[4]

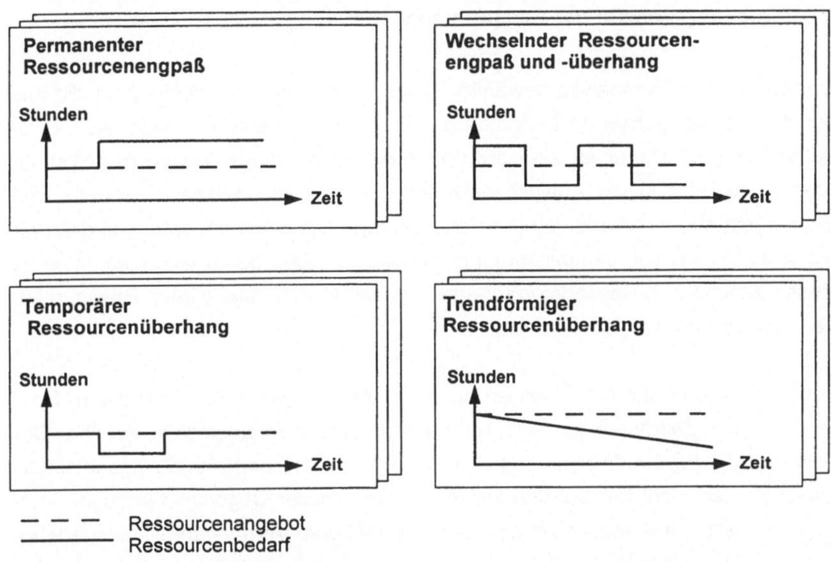

Bild 3.1-2:   Verschiedene Formen von Ressourcenengpässen und -überhängen als Beispiele für problemorientiertes Verhaltenswissen

---

[1]   Vgl. Bild 2.1-2 dieser Arbeit.

[2]   Wenn ein Problembereich vom Menschen gut verstanden wird, kristallisieren sich oft eine überschaubare Anzahl häufig wiederkehrender, stereotyper Denk- und Kategorisierungsschemata heraus, denen der Mensch aufgrund ihrer Bedeutung jeweils einen eigenen Namen gibt (vgl. Puppe (1990) S. 43).

[3]   Zum Klassenbegriff vgl. Schürmann (1994) S. 9.

[4]   Vgl. Groffmann (1992) S. 115, Schwab (1991) S. 6f.

Der dritte Bestandteil des zu entwickelnden Analyseverfahrens muß die Eingangsinformationen in die Ausgangsinformationen weiterverarbeiten, d.h. höheres Wissen aus Faktenwissen generieren können. Erforderlich ist daher ein Algorithmus zur Wissensgenerierung, der im folgenden als Analysemethodik bezeichnet wird.

An die drei zu entwickelnden, konstituierenden Bestandteile des Analyseverfahrens (Planungsinhalte, Problemklassen und Analysemethodik) werden in den Kapiteln 3.2, 3.3 und 3.4 die Anforderungen im Einzelnen formuliert.

3.2   Planungsinhalte der Ressourcenabstimmung

Der für die Problemanalyse gewählte Systemrahmen ist entscheidend für die aus der Analyse erwachsende Definition der Planungsprobleme und wegweisend für deren Lösung.[1] Daher ist eine anwendungsspezifische Festlegung der Systemgrenze, d.h. der in die Analyse einzubeziehenden Ressourcen, Zeiträume und Planungsattribute, erforderlich. Als Anforderung an die Planungsattribute gilt, daß die stets bei Ressourcenabstimmungsplanungen zugrunde zu legenden Attribute Ressourcenbedarf, Ressourcenangebot und die daraus abgeleiteten Ressourcenbedarfsdeckung, abbildbar sind.[2]

Für den Umfang und die Detaillierung der in die Analyse einzubeziehenden Ressourcen und Zeiträume können weitere Anforderungen aufgestellt werden. Der Zeitraum der für die Analyse zugrunde zu legenden Bedarfs- und Angebotsinformationen darf nicht nur auf den kleinen Ausschnitt der Gegenwart bezogen werden, sondern muß möglichst weit auf Zukunft und Vergangenheit ausgedehnt werden.[3] Diese Breite der Betrachtung ist erforderlich, um nicht nur aktuelle Zustände feststellen zu können, sondern vielmehr auf problematisches Verhalten des Systems im Zeitverlauf schließen zu können.[4] Weit in die Zukunft reichende Informationen ermöglichen, Umfeldentwicklungen frühzeitig antizipieren und ihre

---

[1]   Vgl. Ossadnik (1994) S. 162.

[2]   Vgl. Warnecke et al. (1990), Wiendahl (1988) S. 194. Die Ressourcenbedarfsdeckung wird in dieser Arbeit als Ressourcenbedarf abzüglich Ressourcenangebot definiert. Zur Übersicht über für andere Entscheidungszwecke zugrunde zu legende Kontrollgrößen vgl. Schuff (1984) S. 123.

[3]   Vgl. Schuff (1984) S. 36ff.

[4]   Vgl. Gomez (1981) S. 142.

Auswirkungen auf die Ressourcensituation abschätzen zu können.[1] Der analysierbare Zeitraum und dessen Detaillierung wird lediglich durch die abnehmende Verfügbarkeit der Informationen im Sinne von Vollständigkeit und Ungewißheit[2] begrenzt. Auch für die in die Analyse einzubeziehenden Ressourcen ist ein großer Umfang zu wählen. Zwischen den Ressourcen existieren umfangreiche Zuordnungsbeziehungen, die nur bei ganzheitlicher Betrachtung bei der Problemanalyse berücksichtigt werden können.

Die Vielzahl der in die Analyse einzubeziehenden Ressourcen und die geforderte Breite des Zeitbezugs führen zu einer Fülle zu analysierender Informationen. Dies legt nahe, diese Informationen lediglich stark verdichtet, also aggregiert oder in Form von abgeleiteten Kennzahlen zu betrachten.[3] Die starke Datenverdichtung ist jedoch genau wie die Beschränkung der Betrachtung auf die unmittelbare Gegenwart eine typische Vorgehensweise, um das Mengenproblem[4] der Information zu vermeiden, statt damit umzugehen. Inzwischen wird in der Literatur immer stärker betont, daß planungsrelevante Führungsinformationen[5] nicht durch die Verdichtung von Detailinformationen erzeugt werden können[6] und daß überhaupt die Informationsbasis für die Planung meist zu schmal gewählt wird[7]. Daher wird die Anforderung aufgestellt, eine möglichst umfangreiche und fein detaillierte Informationsbasis der Problemanalyse zugrunde zu legen.

Das zu entwickelnde Analyseverfahren verarbeitet Informationen von im Unternehmen vorhandenen, informationsversorgenden Instrumenten.[8] Darin können

---

[1] In der Planungstheorie wird dieser Vorgang auch als Vorwärtskopplung oder Feedforward bezeichnet (vgl. Gomez (1981) S. 203).

[2] Ungewißheit ist der Überbegriff für Unsicherheit, Undurchsichtigkeit, Unschärfe und Risiko (vgl. Chen (1991) S. 190).

[3] Es kann unterschieden werden zwischen quantitativer (homogener oder selektiver) und qualitativer Verdichtung (vgl. Caduff (1981) S. 23ff).

[4] Vgl. Horváth (1986) S. 358.

[5] Zur Definition vgl. Horváth (1986) S. 169. Da Planung ein Subsystem der Führung ist, hat diese Aussage auch Gültigkeit für den Untersuchungsbereich dieser Arbeit.

[6] Diese Tatsache ist im wesentlichen mit dem Informationsverlust bei Aggregationen verbunden (vgl. Horváth (1986) S. 642, Groffmann (1992) S. 75, Staudt (1985) S. 72).

[7] Vgl. Wild (1974) S. 21ff, Kreikebaum (1993).

[8] Wie in Kapitel 2.3.4 angeführt, soll in dieser Arbeit der Schwerpunkt auf der Entwicklung eines Planungsinstruments liegen. Die wichtigsten informationsbeschaffenden Systeme sind PPS-Systeme, Personalinformationssysteme, Betriebsdaten- und Arbeitszeiterfassungssysteme (vgl. Gronau (1992) S. 161, Groffmann (1992) S. 118f, Hackstein (1989) S. 231-266), Die Beschaffung muß ereignisorientiert bzw. kurzzyklisch erfolgen können (vgl. Burger (1991) S. 7, Horváth (1986) S. 151 u. S. 358).

verschiedenste Verfahren zur Berechnung von Ressourcenbedarfen und -angeboten implementiert sein[1]. Daraus resultiert die Anforderung an ein universelles, von konkreten Verfahren der Ressourcenrechnung unabhängigen Analyseverfahren.

Die Aufbereitung der Eingangsinformationen zur Problemanalyse für den Zweck einer durchgängigen Interaktion mit dem Produktionsplaner muß vom Analyseverfahren durchgeführt werden können. Grafische Darstellungen übertreffen die heute noch überwiegend verwendeten tabellarischen Darstellungen an Aussagekraft und Potential zur schnellen Wahrnehmung vor allem von dynamischen Zustandsentwicklungen erheblich, so daß die Anforderung zur Konzeption einer leistungsfähigen grafischen Darstellung besteht[2]. Bild 3.2-1 zeigt zusammengefaßt die beschriebenen Anforderungen an die Planungsinhalte der Ressourcenabstimmung.

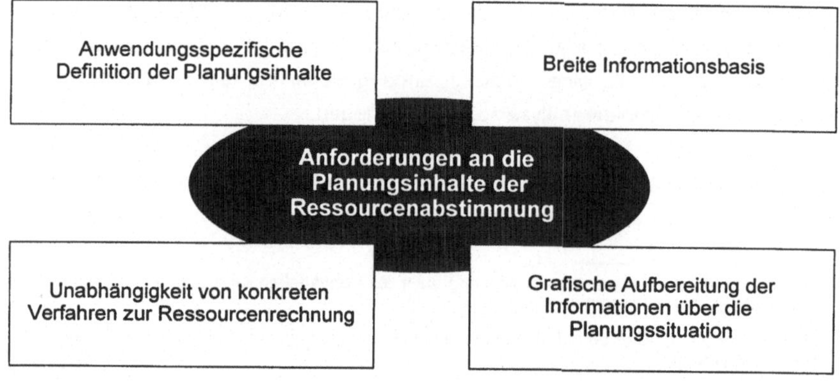

Bild 3.2-1:   Anforderungen an die Planungsinhalte der Ressourcenabstimmung

---

[1]   Zur Materialbedarfsrechung vgl. Kühnle (o.J.), Oeldorf et al. (1987), Harlander et al. (1989) S. 173-204. Zur Materialangebotsrechnung vgl. Oeldorf et al. (1987). Zur Betriebsmittelbedarfsrechnung vgl. Kühnle (o.J.). Zur Betriebsmittelangebotsrechnung vgl. Kühnle (o.J.). Zur Personalbedarfsrechnung vgl. Drumm (1989) S. 122-154, Sent (1991) S. 13-29, Braun (1994), Hemmers et al. (1985), Waldschütz (1986). Zur Personalangebotsrechnung vgl. Drumm (1989) S. 41, S. 73-88, S. 156-164, Braun (1994), Vatteroth (1993), Scholz (1982) S. 987.

[2]   Vgl. Horváth (1986) S. 574, Groffmann (1992) S. 167ff.

3.3 Problemklassen der Ressourcenabstimmung

Für die Ressourcenabstimmungsplanung ist die Gewinnung von problemorientierten Informationen über die Planungssituation, und zwar von Verhaltens-, Struktur- und Metawissen aus Faktenwissen erforderlich.[1] Verhaltenswissen bedeutet, Kenntnisse über zeitliche Entwicklungen des Produktionssystems zu besitzen, d.h. über Regelmäßigkeiten der aufgetretenen Systemzustände. Strukturwissen ist Wissen über Subsysteme von Ressourcen, die gleiches Verhalten aufweisen oder deren Verhalten in Beziehung zueinander Aussagekraft besitzt. Metawissen ist Wissen über die Veränderung des Verhaltens, d.h. über Subsysteme bezüglich der Zeit.[2] Da die Analyseergebnisse wie oben gefordert in Form von Problemklassen ausgewiesen werden sollen, müssen die Problemklassen diese drei Wissenskategorien abbilden können. Analyseergebnisse in Form von Problemklassen bieten aus planungstheoretischer Sicht hohe Potentiale zur Steigerung der gesamten Planungseffizienz. Problemklassen können durch den Produktionsplaner Lösungsklassen zugeordnet werden, d.h. das (Wieder-) Erkennen von Problemklassen öffnet Möglichkeiten zur schnellen Eingrenzung von Alternativen zur Problemlösung. Dies kann zur Vorbereitung bzw. Wiederverwendung von Aktionsparametern und damit zu einer Art "Schubladenplanung" führen.[3]

Eine vollständige und universelle Definition der Problemklassen der Ressourcenabstimmungsplanung ist nicht möglich. Daraus resultiert die Anforderung, daß die vom Verfahren zur Problemanalyse grundsätzlich erwarteten Ergebnisse vom Produktionsplaner anwendungsspezifisch mit einer bereitzustellenden Systematik modelliert werden müssen. Die Notwendigkeitergibt ergibt sich aus dem breiten Untersuchungsbereich dieser Arbeit bezüglich der Ressourcenabstimmungsplanung und den anwendungsspezifisch sehr unterschiedlichen Analyseinteressen. Für jeglichen an Entscheidungsrelevanz gekoppelten Informationsbedarf muß unterschieden werden zwischen dem objektiven Informationsbedarf, der sich aus einer Planungsaufgabe tatsächlich ergibt, und einem subjektiven Informationsbedarf des Menschen als Planer.[4] Empirisch nachgewiesen ist, daß die stärkste Wir-

---

[1] Zur umfassenden Definition von Informationsarten vgl. Wild (1971) S. 328.

[2] Vgl. Gomez (1981) S. 141-161.

[3] Vgl. Gomez (1981).

[4] Vgl. Szyperski (1980) Sp. 904. Die Unterscheidbarkeit des objektiven vom subjektivem Informationsbedarf ist meist nur eingeschränkt möglich, ebenso wie die objektivierte Nutzenbewertung von Informationen überhaupt (vgl. Groffmann (1992), S. 15, Wild (1971)). Daher wird im Rahmen dieser Arbeit auf die Unterscheidung zwischen objektivem und subjektivem Informationsbedarf verzichtet.

kung auf die Entscheidungseffizienz die bedarfsgerechte Versorgung des subjektiven Bedarfs hat[1]. Dieser subjektive Bedarf resultiert im wesentlichen aus unterschiedlichem persönlichen Erfahrungswissen[2] und ist nur anwendungsspezifisch bekannt. Daraus folgt, daß das Analyseverfahren für Probleme der Ressourcenabstimmung auch diesen zunächst unbekannten Analysebedarf definier- und abbildbar machen muß.

Darüber hinaus muß unterschieden werden zwischen problemorientierten und problemlösungsorientierten Klassen als Analyseergebnis. Wie die in Bild 2.3-3 aufgeführten Teilaufgaben der Problemanalyse zeigen, kann die Analyse sowohl auf die Dekomposition und Einordnung von Problemen (problemorientierte Klassen) als auch auf die weiterführende Suche nach Ansätzen zur Problemlösung gerichtet werden (problemlösungsorientierte Klassen). Im Rahmen dieser Arbeit sollen beide Sichtweisen zugelassen sein.[3]

Weitere anwendungsspezifisch unterschiedliche Analyseinteressen ergeben sich aus der Wahl verschiedener Planungsattribute im Rahmen der Festlegung der Planungsinhalte:

Probleme im Sinne von entscheidungsrelevanten Ressourcenbedarfsentwicklungen ergeben sich aus typischen Verhaltensformen der Erzeugnisbedarfe (Bild 3.3-1). Vor allem auf die Bedeutung von Problemklassen bezüglich trendförmiger und saisonaler Verhaltensformen wird in der Literatur oft hingewiesen.[4] Bei turbulentem Umfeld ist zusätzlich von der wachsenden Bedeutung von Entwicklungssprüngen auszugehen. [5]

---

[1] Empirisch nachgewiesen ist weiterhin, daß zur Erhöhung der Entscheidungseffizienz weniger die Erhöhung des Informationsangebots von Bedeutung ist, als vielmehr die Erhöhung der quantitativen und qualitativen Nachfrageartikulation (vgl. Witte (1972) S. 46).

[2] Zur Charakteristik und Bedeutung des Erfahrungswissens vgl. Bullinger (1992) S. 54-65.

[3] Ebenso soll eine beliebige Definition der Problemklassen sowohl hinsichtlich einzelner, konkreter Abstimmungsprobleme als auch hinsichtlich globaler problematischer Phänomene möglich sein (vgl. Gomez (1981) S. 9).

[4] Vgl. Leiner (1982).

[5] Vgl. Zahn et al. (1994a).

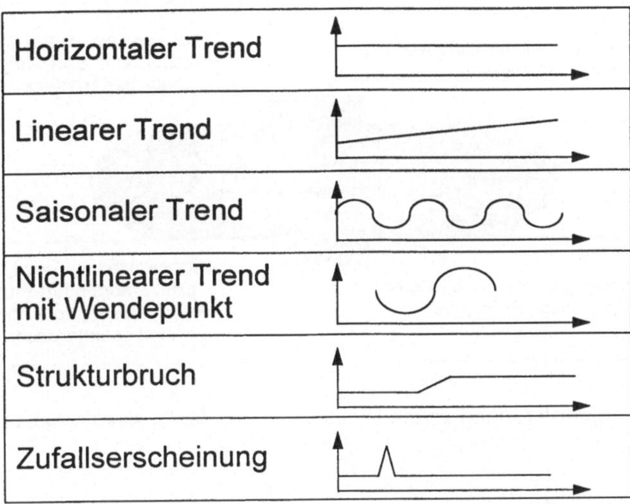

Bild 3.3-1:   Typische Bedarfsstrukturen[1]

Problemklassen bezüglich der Ressourcenangebotsentwicklung sind typische Charakteristiken der Verfügbarkeit der Ressourcen des Produktionssystems. Zu nennen sind beispielsweise das Ausfallverhalten von Betriebsmitteln und das Abwesenheitsverhalten des Personals.[2]

Problemklassen bezüglich der Ressourcenbedarfsdeckung sind typische Engpaß- und Überhangsituationen. Anwendungsspezifisch können verschiedenste Abweichungen von Bedarf und Angebot als zulässig und verschiedenste Kriterien zur Problembeschreibung und -einordnung von Analyseinteresse sein.[3]

In Bild 3.3-2 sind die Anforderungen an die Problemklassen der Ressourcenabstimmung zusammenfassend dargestellt.

---

[1]   Vgl. Micheli (1975), Harlander et al. (1989) S. 175.

[2]   Zur Verfügbarkeit von Mitarbeitern (z.B. Urlaubs-, Absentismus-, Kündigungs-, Arbeitszeitnutzungsverhalten) aus der empirischen Personalforschung vgl. Drumm (1989) S. 38ff.

[3]   Vgl. Kühnle (1987) S. 26.

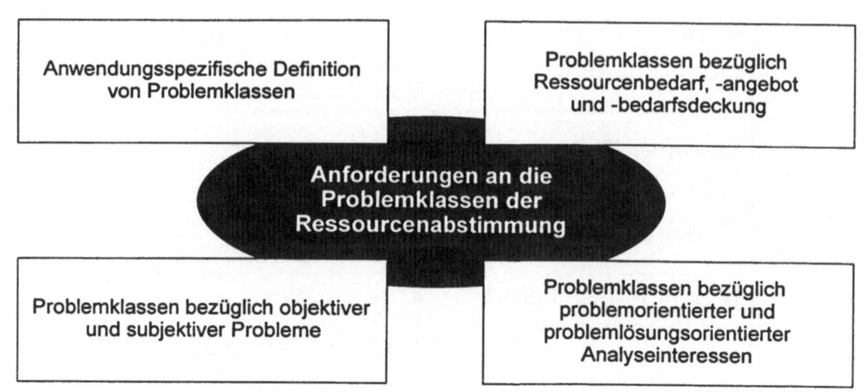

Bild 3.3-2:   Anforderungen an die Problemklassen der Ressourcenabstimmung

3.4   Analysemethodik

Die Analysemethodik stellt den funktionalen Kern des Analyseverfahrens dar. Die Aufgabe besteht darin, das in der Beschreibungsform der Planungsinhalte vorliegende Informationsangebot über eine Planungssituation auf das Vorliegen der vom Produktionsplaner modellierten Problemklasssen der Ressourcenabstimmung hin zu analysieren. Die Zahl und Art der möglichen Analyseergebnisse ist demnach prinzipiell vorab festgelegt und endlich. Dies bedeutet, daß die Analysemethode geeignet sein muß, eine Erkennung von Problemklassen, d.h. eine Klassifikation[1] durchzuführen. Da in einer Planungssituation mehrere Problemklassen gleichzeitig enthalten sein können, muß auch eine Mehrfachklassifikation möglich sein.[2]

Das Verfahren soll universell in Industrieunternehmen ohne besonderen Anpassungsaufwand und ohne spezielle Anforderungen an mathematische Kenntnisse des Produktionsplaners einsetzbar sein. Daraus resultiert die Anforderung an die Klassifikationsmethode, daß sie selbst problemunabhängig einsetzbar sein muß, also unabhängig von konkreten Merkmalen der vom Produktionsplaner model-

---

[1] Unter Klassifikation wird ein Problemlösungstyp verstanden, bei dem die vorliegenden Problemsymptome als Ganzes einer oder mehrerer Problemklassen aus einer Menge vorgegebener Problemklassen (Diagnosen) zugeordnet werden. Klassifikation wird auch als Diagnostik bezeichnet (vgl. Puppe (1990). S.42ff u.S. 235, Schürmann (1994) S. 6-12).

[2] Mehrfachklassifikationen sind nicht zu verwechseln mit konkurrierenden Analysen (vgl. Puppe (1990) S. 49).

lierten Problemklassen. Die Entwicklung bzw. Anwendung problemspezifischer Analysealgorithmen ist daher ungeeignet.

Hohe Anforderungen an die Analysemethode resultieren zudem daraus, daß die modellierten Problemklassen in einer realen zu analysierenden Planungssituation nicht vollständig, verzerrt, verrauscht oder mit einzelnen Zufällen überlagert auftreten können. Darüber hinaus kommt erschwerend eine mitunter schlechte Qualität der Planungsdaten im Sinne schwankender, lückenhafter Verfügbarkeit hinzu. Es besteht daher insgesamt lediglich eine mehr oder weniger starke Ähnlichkeit der realen Probleme zu den modellierten Problemklassen. Daraus resultiert die Forderungen nach einer hohen Analyseleistung trotz dieser die Analyse erschwerenden Bedingungen. Da unter diesen Bedingungen letztlich auch mit einer Unsicherheit des Klassifikationsergebnisses zu rechnen ist, muß der Produktionsplaner zudem vom Verfahren eine Aussage über die Sicherheit der Problemerkennung erhalten.

Zusammengefaßt zeigt Bild 3.4-1 nochmals die wesentlichen Anforderungen an die Analysemethodik.

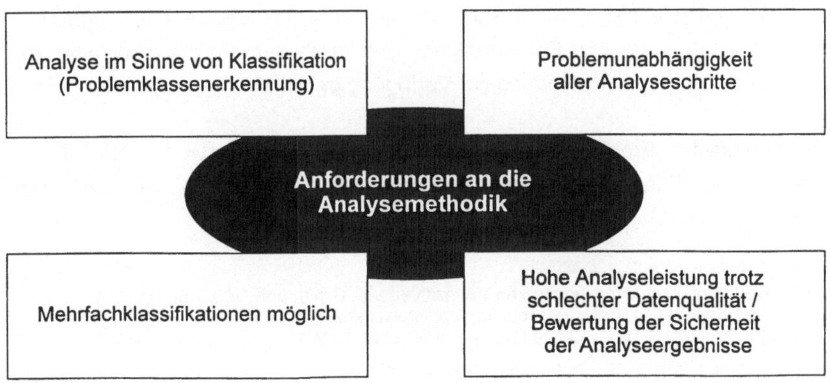

Bild 3.4-1:   Anforderungen an die Analysemethodik

4 Stand der Technik

Die systematische Analyse von Problemen der Ressourcenabstimmung im Sinne eines geordneten informationsverarbeitenden Prozesses ist in der Praxis bislang wenig verbreitet und wird durch die veröffentlichten Verfahren nur unzureichend unterstützt. Die überwiegende Zahl der existierenden Analyseverfahren beschränkt sich auf die Analyse sehr einfacher Abstimmungsprobleme und arbeitet mit entsprechend wenig leistungsfähigen Analysemethoden. Diese werden zusammengefaßt in Kapitel 4.1 vorgestellt. Leistungsfähigere Verfahren zur Problemanalyse, die bislang nur für einen speziellen Teil des Untersuchungsbereichs dieser Arbeit konzipiert wurden oder deren Anwendung vielfach empfohlen wird, werden in den Kapiteln 4.2 und 4.3 beschrieben.

4.1 Einfache Analyseverfahren

Die Eigenschaft einfacher Analyseverfahren ist, daß sie Vergleiche von einzelnen Kenndaten oder daraus abgeleiteten Kennzahlen[1] mit einfachen rechentechnischen Operationen durchführen.[2] Dazu werden Ist- oder Wird-Informationen mit vordefinierten Schranken oder Grenzwerten verglichen, die das Analyseinteresse verkörpern.[3] Bei Auftreten einer Überschreitung bzw. Abweichung wird eine Meldung an den Produktionsplaner gegeben. Zur vertiefenden Problemanalyse (meist nur Abweichungsanalyse) werden die detaillierten Einzelinformationen, ggfs. gestützt durch Auswahl- und Sortierfunktonen, lediglich dem Produktionsplaner zur selbsttätigen weiteren Auswertung zur Verfügung gestellt.[4]

Derart einfache Problemanalysen sind in fast allen konventionellen PPS-Systemen und Führungsinformationssystemen für die Produktion realisiert.[5] Die

---

[1] Zum Begriff und zur Verwendung von Kennzahlen vgl. Groffmann (1992) S. 68ff. Zur Verwendung von Kennzahlen in der Ressourcenbereitstellungsplanung vgl. Gronau (1994), Hildebrand (1992) S. 56ff und S. 69ff, Schulte (1989), Franke et al. (1992).

[2] Vgl. Schwab (1991) S. 10, Groffmann (1992) S. 114.

[3] Als Faktoren zur Festlegung einer kritischen Planabweichung als Grenzwert werden beispielsweise der Absolutbetrag der Abweichung, die Abweichungshäufigkeit, die Abweichungsrichtung, die Planungsgüte, der mögliche Einfluß der Abweichung auf Leistung und Verhalten und die Frequenz der Störungsregulierung verwendet (vgl. Treuz (1972) S. 70).

[4] Vgl. Nieß et al. (1994a) S. 561, Huber (1990) S. 110, Mertens et al. (1994) S. 740.

[5] Vgl. Kühnle (o.J.), Gronau (1994).

von BURGER[1] vorgenommene Auswertung von PPS-Standardsoftware zeigt, daß nur 15% der PPS-Systeme über graphische Visualisierungen verfügen und wirksame Analysemöglichkeiten - wie zumindest einfache Engpaßübersichten[2] - nur bei Systemen mit belastungsorientierten Auftragsfreigabeverfahren[3] integriert sind. Die von ROSE[4] vorgenommene Auswertung von PPS-Verfahren zeigt darüber hinaus, daß die Verfahren zwar prinzipiell eine gute Unterstützung für Aufgaben der Kontrolle und Abweichungserkennung, jedoch so gut wie keine Unterstützung bei der Einschätzung der Bedeutung von Abweichungen, d.h. bei der vertiefenden Abweichungsanalyse und Problemerkennung, bieten.[5]

Die stärkste Systematisierung des Analyseprozesses ist bei der Ressource Material festzustellen, bei der meist für einen größeren in die Zukunft reichenden Zeitraum das Analyseinteresse auf das Unterschreiten des Sicherheitsbestands oder ein Niveau gerichtet wird, indem der verfügbare Materialbestand innerhalb der Wiederbeschaffungszeit des Materials zu einer Nichtverfügbarkeit führt.[6] Die geringste Analyseunterstützung ist bei der Ressource Personal festzustellen. Wie eine aktuelle Studie über Personalinformationssysteme zeigt, sind hier in der Regel nicht einmal laufende Vergleiche zwischen Personalbedarf und -angebot vorgesehen.[7] Die Aufgabe, zumindest einfache Analysen zum Zweck der Personalplanung durchzuführen, wird zwar als Funktion eines künftig auszubauenden Personal-Controllings angesehen[8], Verfahren zur systematischen Analyse personalwirtschaftlich relevanter quantitativer Kenngrößen fehlen jedoch.[9]

---

[1] Vgl. Burger (1991) S. 10.

[2] Vgl. Schweigert et al. (1994).

[3] Vgl. Wiendahl (1988) S. 247-254.

[4] Vgl. Rose et al. (1988) S. 83.

[5] PPS-Systeme zeigen meist ausschließlich auftragsbezogene Sichten, nicht jedoch Darstellungen aus Sicht des Produktionsprozesses, die für die Ressourcenplanung entscheidend sind (vgl. Gronau (1992) S. 161). So kommt eine weitere Analyse konventioneller, rein erzeugnisorientierter PPS-Systeme zum Fazit: "Das alle Planungsphasen überlagernde, dominierende Problem des herkömmlichen erzeugnisorientierten PPS-Konzepts besteht darin, daß in keiner Planungsphase die begrenzte Verfügbarkeit der Ressourcen systematisch erfaßt wird. Die Planungsergebnisse sind folglich eine Aneinanderreihung heuristischer Improvisationen, deren in Wissenschaft und Praxis beklagte geringe Qualität nicht überraschen kann" (Drexl (1994) S. 1026).

[6] Vgl. Bornemann (1986).

[7] Vgl. Besemer et al. (1990).

[8] Vgl. Metz et al. (1994).

[9] Vgl. Wunderer (1991).

Die gravierende Schwäche der einfachen Analyseverfahren liegt zusammengefaßt darin, daß

- das Analyseinteresse stark auf punktuelle Probleme gerichtet ist. So werden jeweils ausschließlich einzelne Ressourcen und nur einzelne Planungszeitabschnitte betrachtet. Dadurch wird

- eine sehr große Menge zu verarbeitender Einzelprobleme als Analyseergebnis erzeugt, da jede Über- oder Unterschreitung eines Grenzwerts ohne weitere Einordnung als Problem ausgewiesen wird[1]. Weiterhin liegt eine Schwäche darin, daß

- die kennzahlenorientierten Ansätze die Realität zu stark vereinfachen, d.h. sie führen lediglich mit Informationsverlust verbundene Datenverdichtungen oder Datenbewertungen durch, ohne die datenimmanten Problematiken zu analysieren und damit nennenswert zum Aufbau von Verhaltens-, Struktur- und Metawissen beizutragen.[2]

Die Weiterentwicklung der einfachen Analyseverfahren wird in der Literatur als logistikorientierte Monitoringsysteme mit dem Ziel der verbesserten Informationsaufbereitung für den Produktionsplaner gesehen.[3] Dies soll aufgrund der Verbreitung dezentraler EDV-Leistung als Balkendiagramm (auch mit Farbunterstützung), Zeitreihe[4] oder Kapazitätsgebirge[5] erfolgen. Beispiele für derartige realisierte Instrumente sind das von NIESS[6] beschriebene LogControl, der von HOLZKÄMPER[7] beschriebene Analyseprototyp und das von WIENDAHL[8] beschriebene Instrument CUPA. Letztgenanntes stellt auf Basis von kennzahlenorientierten Durchlaufdiagrammen ressourcenbezogene Prozeßgraphiken mit sehr hoher Aussagekraft bereit, der Schwerpunkt des Analyseinteresses liegt hier jedoch eher auf logistischen Faktoren, weniger auf den im Rahmen dieser Arbeit

---

[1] Vgl. Schwab (1991) S. 12.

[2] Vor allem für die Ressource Personal wird vor der Vereinfachung komplexer Sachverhalte in der Abbildung einer quantitativen Kennzahl ausdrücklich gewarnt (vgl. Fröhling (1990)).

[3] Vgl. Gubitz (1994) S. 211, Burger (1991) S. 8.

[4] Vgl. Wiendahl (1988) S. 320.

[5] Vgl. Wiendahl (1988) S. 241.

[6] Vgl. Nieß et al. (1994).

[7] Vgl. Holzkämper (1987).

[8] Vgl. Wiendahl et al. (1995).

eingegrenzten Fragestellungen der Ressourcenabstimmung. JÄNICKE[1] schlägt vor, die Belegung der Ressourcen als Gantt-Diagramm darzustellen, da hier die Mustererkennungfähigkeiten[2] des Menschen genutzt werden können. Der Mensch soll ein Muster freier Kapazitäten mit dem Muster potentieller Aufträge in Übereinstimmung bringen. Er führt diese Thematik aber nicht weiter aus und bietet keine unterstützenden Lösungen an. Durch die skizzierten Weiterentwicklungen werden insgesamt die steigenden Möglichkeiten der Informationstechnologie genutzt. Deutlich verbesserte Analysemethoden zur umfassenden Entlastung des Menschen von der Analyseaufgabe werden jedoch nur sehr vereinzelt vorgestellt.

4.2 Statistische Analyseverfahren

Auf dem Gebiet der statistischen Analyse existieren vielfältige mathematische Methoden zur Auswertung umfangreicher Datenbestände.[3] Ihre Anwendung ist daher sehr verbreitet und erstreckt sich auch auf Problemanalysen zur Unterstützung der Ressourcenabstimmung. Im folgenden wird die Eignung statistischer Verfahren für den Untersuchungsbereich dieser Arbeit vertieft untersucht.

Mit uni-, bi- und n-variaten Analysen sowie mit Faktorenanalysen werden statistische Erscheinungsbilder gegebener Datenbestände erzeugt, Abhängigkeiten zwischen Variablen untersucht und die zu betrachtende Dimension reduziert. KURZ[4] entwickelt dazu ein Verfahren, mit dem umfangreiche Informationen über Materialbedarfe hinsichtlich ihrer Bedarfsvarianz analysiert und in Verknüpfung mit weiteren logistischen Kennzahlen Dispositionsverfahren zur Bestandsplanung abgeleitet werden könnnen. Eine Klassifikation können derartige Verfahren jedoch nicht durchführen. Dies übernehmen Methoden zur typologischen Analyse, die Teilklassen von Beobachtungen oder Variablen konstruieren und erkennen. Das Grundprinzip dieser Klassifikationsmethoden besteht in der Erzeugung eines Systems von Klassen, und zwar entweder in Form von Partitionen durch Methoden zur Partitionierung oder einer Folge von sich vergröbernden Partitionen durch Methoden der hierarchischen Klassifikation.[5] Der Schwerpunkt liegt bei diesen

---

[1] Vgl. Jänicke (1990) S. 50f.

[2] Zu den Begriffen Muster und Mustererkennung vgl. Kapitel 5 dieser Arbeit.

[3] Zur Übersicht vgl. Jambu (1992), Brandt (1992), Schürmann (1994).

[4] Vgl. Kurz (1991).

[5] Vgl. Jambu (1992) S. 263-366, spez. S. 349.

Klassifikationsmethoden also eher auf der Klassenbildung, nicht auf der Klassenerkennung. Dies ergibt sich daraus, daß die Methoden zur statistische Datenanalyse vor allem für deduktive Analysen entwickelt wurden, d.h. zur Extraktion von Strukturen in Beobachtungen ohne A-priori-Modell.[1] Die Erkennung von Klassen ist möglich mit den gleichen Schritten, mit denen diese Klassifikationsmethoden eine Einordnung zusätzlicher Elemente in eine bestehende Klassifikation durchführen. Diese Schritte sind jedoch sehr aufwendig, da jeweils die gesamte bestehende Klassenbildung geprüft werden muß.[2]

Darüber hinaus existieren weitere statistische Klassifikationsmethoden, deren Schwerpunkt eher auf der Klassenerkennung liegt. Als sehr verbreitet können der Bayes-, Maximum-Likelihood-, Nächster-Nachbar- und Minimum-Abstands-Klassifikator angesehen werden.[3] Die Klassifikatoren gelten als Standardklassifikatoren und werden in verschiedensten Gebieten erfolgreich eingesetzt. Die Anwendungen zeigen jedoch, daß problemspezifische Schritte zur Datenvorverarbeitung und Merkmalsextraktion im Vorfeld der Klassifikation verwendet werden müssen, so daß die geforderte Problemunabhängigkeit der Analysemethodik nicht erfüllt ist.[4] Abgesehen von diesem Nachteil ist der Einsatz dieser Klassifikationsverfahren zur Problemanalyse im Rahmen der Ressourcenabstimmungsplanung prinzipiell möglich.

Vor allem die Zeitreihenanalyse, einem speziellen statistischen Verfahren der Datenanalyse mit A-priori-Modell, wird zur Analyse von Problemen der Ressourcenabstimmung eingesetzt. Mit Zeitreihenanalysen können Zeitreihen um Störungseinflüsse bereinigt und Komponenten wie Trends und periodische Funktionen eliminiert bzw. quantitativ ausgewiesen werden.[5] Die Verwendung von Zeitreihenanalysen zur Unterstützung der Ressourcenabstimmungsplanung wird in DRUMM[6] und DIENSTDORF[7] empfohlen, jedoch nicht näher ausgeführt. SCHWEIGERT[8] zeigt, daß diese in Standard-PPS-Systemen zwar zur Absatzpla-

---

[1] Vgl. Jambu (1992) S. 10.

[2] Zu Anwendungen außerhalb der Erkennung von Problemklassen der Ressourcenabstimmung vgl. Jambu (1992) S. 352.

[3] Zur Übersicht vgl. Schürmann (1992), vgl. Mertens (1990) S. 42f, Niemann (1983).

[4] Vgl. Schürmann (1992), Boebel et al. (1994).

[5] Zur Übersicht vgl. Leiner (1982), Brandt (1992) S. 433-445.

[6] Vgl. Drumm (1989) S. 41f.

[7] Vgl. Dienstdorf (1972).

[8] Vgl. Schweigert et al. (1994).

nung, nicht aber zur Ressourcenabstimmung vorgesehen wird. SCHWAB[1] entwickelte ein Analyseverfahren für die Materialwirtschaft[2] von Energieversorgungsunternehmen, bei dem quasi beliebige typische Verläufe in Zeitreihen als Problemklasse vom Anwender vorgegeben werden können, deren Vorliegen in aktuellen Zeitreihen durch eine Bibliothek von statistischen Zeitreihenanalyseverfahren untersucht werden kann. Der Benutzer muß dazu vorab sogenannte Dämonen definieren, in denen er auch bereits eine Zuordnung von typischem zu erkennenden Zeitreihenverlauf und Analyseverfahren treffen muß[3], d.h. der Benutzer muß letztlich weitreichende Kenntnisse über die statistischen Analyseverfahren besitzen.[4] Im Analyseverfahren von SCHWAB zeigt sich der Hauptnachteil des Einsatzes von Zeitreihenanalysen für die im Rahmen dieser Arbeit behandelte Thematik, nämlich daß für jede gesuchte Komponente in der Zeitreihe ein spezielles mathematisches Analyseverfahren erforderlich ist, was der Anforderung nach flexibler Definition von Problemklassen und einer problemunabhängigen Analysemethode entgegensteht.

Weitere statistische Verfahren werden in der Ressourcenabstimmungsplanung vor allem für die Ressourcen Material, vereinzelt auch Personal, zur Prognose eingesetzt.[5] Mit Prognoseverfahren werden Zukunftsdaten mit mathematischen Rechenverfahren wie Mittelwertbildung, gleitendem Mittelwert, linearer oder nicht linearer Regressionsanalyse und exponentieller Glättung vorausbestimmt.[6] Die Einschränkung der Verwendbarkeit der Prognoseverfahren für die hier verfolgte Problemanalyse liegt darin, daß Prognoseverfahren nicht typisches Systemverhalten selbst analysieren können, sondern lediglich auf Basis von bekanntem Systemverhalten Zukunftsprognosen erstellen können. So müßte beispielsweise durch eine Zeitreihenanalyse zunächst der Typ des Systemverhaltens (z.B. trendförmig, saisonal schwankend, sporadisch) bestimmt und darauf aufbauend

---

[1] Vgl. Schwab (1991), Franke et al. (1992).

[2] Zum Begriff Materialwirtschaft vgl. Harlander et al. (1989).

[3] Vgl. Rieder (1992) S. 20ff.

[4] Als Alternative wird angeführt, dem Benutzer durch eine universelle Sprache die Programmierung zusätzlicher Analysealgorithmen zu ermöglichen. Es wird jedoch aufgrund der Komplexität der durch den Benutzer zu lernenden Sprache davon Abstand genommen (vgl. Schwab (1991) S. 42).

[5] Vgl. Nieß et al. (1994a).

[6] Vgl. Oeldorf et al. (1987) S. 120-135, Tempelmeier (1988) S. 32-101, Mülder (1986) S. 81 u. S. 84, Drumm (1989) S. 144.

das für diesen Problemtyp jeweils optimale Prognoseverfahren zur Generierung von Zukunftsinformationen ausgewählt werden.[1]

Die Stärke statistischer Analyseverfahren liegt in ihrer Eignung für große Informationsmengen, leistungsfähigen Grafiken zur Aufbereitung von Analyseergebnissen und ihrer hohen Genauigkeit[2]. Ihr Einsatz im Rahmen der Ressourcenabstimmungsplanung erscheint demnach dort sinnvoll, wo spezielle Abweichungs- oder Problemanalysen mit hohen Genauigkeitsanforderungen notwendig sind, wie beispielsweise zur präzisen quantitativen Parameterschätzung von trendförmigem und saisonalem Verhalten von Ressourcenbedarfen. Insofern kann die Integration in ein umfassendes Analyseverfahren zwar nützlich sein, die alleinige Verwendung von statistischen Analyseverfahren genügt den Anforderungen jedoch nicht.

4.3   Wissensbasierte Analyseverfahren

Innerhalb der Künstlichen Intelligenz (KI)[3], einem Feld der Informatik, haben Expertensysteme in den vergangenen Jahren eine weite Verbreitung gefunden. Expertensysteme sind Programme, mit denen das Spezialwissen[4] und die Schlußfolgerungsfähigkeit von Experten rekonstruiert werden. Grundlegendes Organisationsprinzip ist die Trennung des Wissens von der Anwendung des Wissens, was zu einer enormen Flexibilität gegenüber konventionellen Programmen führt. Der Unterschied zwischen Expertensystemen und wissensbasierten Systemen besteht lediglich darin, daß das Wissen bei letztgenannten nicht von Experten stammen muß.[5] Aufgrund dieses für die Betrachtungen in dieser Arbeit nicht relevanten Unterschiedes werden die beiden Begriffe im folgenden als Synonyme verwendet. Die Problemlösungsmethoden[6] in wissenbasierten Systemen lassen sich untergliedern in Klassifikation, Konstruktion und Simulation.[7] Während der Einsatz von

---

[1]   Vgl. Wiendahl (1988) S. 320 - 323, Nieß et al. (1994a) S. 560, Schwab (1991) S. 11, Harlander et al. (1989) S. 172 - 201.

[2]   Vgl. Jambu (1992), spez. S. 40 - 106.

[3]   Vgl. Genesereth et al. (1989).

[4]   Zur Gliederung betrieblichen Wissens in verschiedene Domänen vgl. Mertins et al. (1994).

[5]   Vgl. Puppe (1990) S. 2.

[6]   Eine Problemlösungsmethode ist ein Algorithmus, der angibt, wie Wissen zur Problemlösung repräsentiert und verwendet wird (vgl. Puppe (1990) S. 30).

[7]   Konstruktionsmethoden setzen das Ergebnis aus vorgegebenen, primitiven Bausteinen zusammen. Die Simulation ermittelt, wie ein vorgegebenes Systemmodell auf bestimmte Eingaben reagiert (vgl. Puppe (1990) S. 32).

Konstruktionsmethoden für die Problemanalyse über das Vorhaben dieser Arbeit hinaus geht, vorab modellierte Problemklassen in einer aktuellen Planungssituation wiederzuerkennen[1], ist der Einsatz der Simulation für reine Analyseaufgaben ungeeignet.[2] Der wissensbasierten Klassifikation wird in der Forschung und Anwendung bislang vor allem die Aufgabe der Analyse mutmaßlicher Ursachen auf Basis erkannter Schwachstellen (Symptome) zugeordnet.[3] Dementsprechend ist ihr Haupteinsatzgebiet in der Produktion bislang die Analyse der Ursache technischer Störungen.[4] Erste Einsatzfälle von klassifikationsbasierten Expertensystemen für die Produktionsplanung, die auf Analysen aufbauen, diese jedoch nicht selbst durchführen, werden am Beispiel der Terminsteuerung, Anpassungsplanung und Gestaltung von Produktionssystemen in ZELEWSKI[5] beschrieben.

Die künftig systematischere Integration von Analysefähigkeiten in PPS-Expertensysteme wird häufig gefordert, ist bislang aber noch kaum detailliert ausgeführt bzw. implementiert.[6] Die Stärke wissensbasierter Analyseverfahren besteht prinzipiell in der Flexibilität der Wissensbasis, die eine hochflexible anwendungsspezifische Definition von Problemklassen ermöglicht. Hinzu kommt die Fähigkeit im Umgang mit schlechter Datenqualität.[7] Zur Abschätzung der Eignung wissensbasierter Klassifikation für den Untersuchungsbereich dieser Arbeit wird daher dieses Gebiet detaillierter aufgeschlüsselt (Bild 4.3-1).

---

[1] Mit Konstruktionsmethoden ist jedoch eine Weiterverarbeitung der in dieser Arbeit angestrebten Analyseergebnisse denkbar, wofür auch mehrere Entscheidungskriterien für den Einsatz wissensbasierter Systeme sprechen (vgl. Mertens (1990), S. 109ff).

[2] Vgl. Stanek et al. (1993). Zu Verfahren zur simulationsgestützten Ressourcenabstimmungsplanung vgl. Faißt et al. (1991), Haupt (1987), Zülch (1993), Weißbach (1993).

[3] Vgl. Zelewski (1990) S. 63, Kellner et al. (1988) S. 93-112.

[4] Vgl. Puppe (1991) S. 74 u. S. 169, Kretschmar (1990).

[5] Vgl. Zelewski (1990) S. 63f. Zelewski selbst entwirft eine mögliche Konzeption, bei der zur Aktivierung von Regeln im Rahmen der Terminierung von Produktionsauftragsterminen ein Mustervergleich zwischen dem Informationsmuster einer konkreten Produktionssituation und dem Informationsmuster der in den Prämissen von Regeln klassifizierten Produktionssituationen vorgesehen ist. Es beschreibt jedoch kein Verfahren, mit dem dieses durchgeführt werden soll (vgl. Zelewski (1990), S. 59).

[6] Vgl. Zelewski (1990) S. 65.

[7] Wissensbasierte Verfahren können bereits mit wenigen, unscharfen und mitunter auch subjektiven Informationen sehr effizient Verdachthypothesen aufstellen, die durch gezieltes Nachfragen nach weiteren Informationen erhärtet oder verworfen werden.

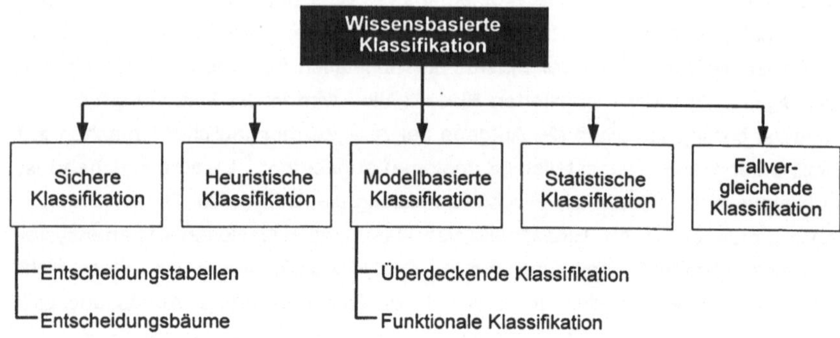

Bild 4.3-1:   Übersicht über Wissensarten zur Klassifikation[1]

Bislang konzentrieren sich die in existierenden wissensbasierten PPS-Analysesystemen realisierten Verfahren vor allem auf sichere Klassifikationen durch Analyse von Schwachstellen in Planungs- bzw. Ist-Daten oder daraus abgeleiteten Kennzahlen.[2] FUCHS[3] stellt ein derartiges Analyseverfahren auf Basis sicherer Klassifikation vor, bei dem bestimmte Engpaßmerkmale wie Beginn, Dauer, Intensität und die Zahl der betroffenen Ressourcen zur Definition von Problemklassen herangezogen und als Kennzahlen berechnet werden. Der über Kennzahlen identifizierte Engpaßtyp wird nicht als Analyseergebnis explizit benannt, sondern es werden direkt über eine Entscheidungstabelle[4] Aktionsparameter zur Engpaßbewältigung zugeordnet. Die Analyse ist auf Engpässe beschränkt, Überhänge werden nicht abgebildet. Dieses Verfahren zur sicheren Klassifikation hat den entscheidenden Nachteil, daß es hohe Ansprüche an Vollständigkeit und Gewißheit der Daten der Planungssituation stellt. Aufgrund der einfachen mathematischen Operationen (Kennzahlenberechnung) führen fehlende Daten zur Nichtanwendbarkeit des Verfahrens, während Zufallserscheinungen und Rauschen ungefiltert in die Kennzahlenberechnung eingehen und damit die Ergebnisse verfälschen können. Weitere Vertreter dieser Art von Analyseverfahren mit sicherer Klassifikation werden von LIU[5], MERTENS[1] und HILDEBRAND[2] näher beschrieben.

---

[1] Vgl. Puppe (1990) S. 52.

[2] Zur Übersicht vgl. Mertens et al. (1993) S. 121.

[3] Vgl. Fuchs (1990) S. 126, zur Verallgemeinerung auch Schluh (1991) S. 61.

[4] Vgl. Fuchs (1990) S. 126.

[5] Vgl. Liu (1993) S. 354f.

Heuristische Klassifikationen basieren auf Erfahrungswissen, welche Problemmerkmale mit welcher Wahrscheinlichkeit auf welche Problemanalysen hindeuten.[3] Die im Rahmen dieser Arbeit durchzuführende Verarbeitung des umfangreichen Faktenwissens hat jedoch eher den Charakter einer Datenverarbeitung als einer Wissensverarbeitung[4], so daß vor allem der Einsatz von Verfahren zur heuristischen Wissensverarbeitung ungeeignet ist.

Die überdeckende Klassifikation (als Bestandteil der modellbasierten Klassifikation) basiert darauf, daß ausgehend von modellierten Problemklassen zugehörige Problemmerkmale in einer Planungssituation gesucht werden. Forschungsarbeiten zu dieser reinen Form der modellbasierten Klassifikation für die Produktionsplanung sind aus der Literatur nicht bekannt. Beispielsweise verbindet XU[5] jedoch in einem kennzahlenorientierten Analysesystem für die Produktion regelbasiertes (sicheres und heuristisches) und modellbasiertes Wissen ergänzend miteinander, um die jeweiligen Vorteile zu nutzen und die Nachteile auszugleichen. Basis der Analyse ist ein Kennzahlennetz, das auf Soll/Ist-Abweichungen hin überwacht wird. Die Problemanalyse durch Anwendung der verschiedenen Wissensarten liefert als Ergebnis eine der Kennzahlen als Ursache der Abweichung, wofür dann im nächsten Schritt ein Vorschlag zur Kennzahlenbeeinflussung erbracht wird. Die eigentliche Analyse erfolgt durch vordefinierte, feste Analyseprogramme. Eine freie Definierbarkeit von möglichen Problemklassen durch den Produktionsplaner ist nicht vorgesehen.

Klassifikationen können auf großen Sammlungen von Analysebeispielen basieren, so daß aktuell zu stellende Analysen über statistische Wahrscheinlichkeiten (statistische Klassifikation) oder Ähnlichkeitsbetrachtungen (fallvergleichende Klassifikation) berechnet werden können.[6] Dabei wird auf die statistischen Klassi-

---

[1]   Vgl. Mertens et al. (1993) S. 121 u. S. 146.

[2]   Vgl. Hildebrand (1992).

[3]   Bei dieser Form der wissensbasierten Analyse muß nicht zwingend logisches Wissen verarbeitet werden, so daß sich eine große Ähnlichkeit zur Vorgehensweise des Menschen bei der Durchführung von Analysen ergibt.

[4]   Zur Unterscheidung von Daten- und Wissensverarbeitung nach inhaltlichen und formalen Kriterien vgl. Hänscheid (1988). Der vorliegenden Analyseaufgabe liegen nach diesen Kriterien homogene, wohl strukturierte numerische Daten mit wenig Datentypen, aber vielen Instanzen eines Datentyps zugrunde. Dies entspricht einer typischen Datenverarbeitung, während Wissensverarbeitung durch heterogene, komplex strukturierte Datenstrukturen mit symbolischen Ausdrücken bzw. Datentypen mit wenig Instanzen charakterisiert ist.

[5]   Vgl. Xu (1993).

[6]   Die Zusammenhänge zwischen Merkmalen und Analysen müssen also nicht wie bei der heuri-

fikationsmethoden wie den Bayes-Klassifikator zurückgegriffen, die in Kapitel 4.2 beschrieben wurden.

Insgesamt gesehen ist eine Verarbeitung der Ressourcenbedarfs- und -angebotsinformationen, die homogene Massendaten darstellen, mit wissensbasierten Klassifikationsverfahren nicht sinnvoll realisierbar. Der Aufwand zur Pflege der Wissensbasis würde zu groß, und zudem würden bei einer EDV-gestützten Realisierung erhebliche Laufzeitproblem auftreten.[1] Daher basieren die in der Literatur beschriebenen Instrumente auf diesem Gebiet grundsätzlich auf der Annahme einer umfangreichen Datenvorverarbeitung durch Berechnung von Problemmerkmalen. Die sich daraus ergebende merkmalsorientierte Analyse hat wiederum den prinzipiellen Nachteil, daß die geforderte Problemunabhängigkeit aller Analyseschritte aufgrund problemspezifischer Merkmalsberechnungen nicht mehr gewährleistet ist.[2] GROFFMANN[3] und SCHWAB[4] versuchen diesen Nachteil durch umfangreiche integrierte Funktionsbibliotheken zur Durchführung von Merkmalsberechnungen und -analysen zu kompensieren und schlagen vor, nach einem Testbetrieb die noch fehlenden Berechnungsfunktionalitäten zu ergänzen. Für spezielle Untersuchungsbereiche wie bei SCHWAB ist dieser Weg im Prinzip gangbar, für den breit angelegten Untersuchungsbereich dieser Arbeit erfüllen diese wissensbasierten, klassifizierenden Analyseverfahren die Anforderungen jedoch nicht hinreichend.

Bild 4.3-2 zeigt zusammengefaßt die Leistungsfähigkeit der in Kapitel 4 vorgestellten, aus der Literatur bekannten Analyseverfahren gemessen an den abzudeckenden Teilaufgaben der Problemanalyse (Kap. 2) und den Anforderungen an die einzelnen Bestandteile (Kap. 3). Folgendes Fazit kann insgesamt gezogen werden:

- Die überwiegend in der Praxis verbreiteten Lösungen unterstützen zwar den Produktionsplaner bei der manuellen Problemanalyse, das Analyseverfahren

---

stischen Klassifikation aus Erfahrung geschätzt werden, sondern ergeben sich durch Berechnung.

[1] Vgl. Mertens (1990) S. 95, Schwab (1991) S. 19 u. 68f, Huber (1989) S. 35, Franke et al. (1992) S. 82.

[2] Vgl. Puppe (1990) S. 64.

[3] Vgl. Groffmann (1992) S.187.

[4] Vgl. Schwab (1991).

selbst beschränkt sich jedoch auf einfache Kontrollaufgaben und die Erkennung von Abweichungen.

- Die von verschiedenen Autoren vorgeschlagenen methodisch anspruchsvolleren Analyseansätze können das Methodenproblem der Problemanalyse insgesamt nicht lösen. Es ist kein Verfahren bekannt, welches gleichzeitig die Verarbeitung einer breiten Informationsbasis, eine hochflexible Definition von Problemklassen und eine Problemunabhängigkeit aller Analyseschritte ermöglicht.

Legende: - keine Unterstützung möglich o Unterstützung möglich, aber nicht typisch + Unterstützung ++ starke Unterstützung		Einfache Analyseverfahren	Statistische Analyseverfahren	Wissensbasierte Analyseverfahren
Teilaufgaben der Analyse	Kontrolle	+	o	-
	Abweichungsanalyse	+	+	o
	Problemerkennung	-	+	++
Planungs-inhalte	Anwendungsspezifische Definition der Planungsinhalte	o	o	o
	Breite Informationsbasis	+	++	-
	Unabhängigkeit von konkreten Verfahren zur Ressourcenrechnung	o	o	o
	Grafische Aufbereitung der Informationen über die Planungssituation	+	++	o
Problem-klassen	Anwendungsspezifische Definition von Problemklassen	o	o	++
	Problemklassen bezüglich Ressourcen-bedarf, -angebot und -bedarfsdeckung	+	+	+
	Problemklassen bezüglich objektiver und subjektiver Probleme	o	o	++
	Problemklassen bezüglich problem- und problemlösungsorientierter Analyseinteressen	o	o	++
Analyse-methodik	Analyse im Sinne von Klassifikation (Problemklassenerkennung)	-	++	++
	Problemunabhängigkeit aller Analyseschritte	-	-	-
	Mehrfachklassifikation möglich	-	+	++
	Analyse bei schlechter Datenqualität / Bewertung der Sicherheit der Ergebnisse	-	++	++

Bild 4.3-2: Zusammenfassende Eignungsbewertung der Analyseverfahren aus der Literatur hinsichtlich Teilaufgaben und Anforderungen der Analyse von Problemen der Ressourcenabstimmung

5 Synergetische Mustererkennung als Lösungsansatz zur Analyse von Problemen der Ressourcenabstimmung

Das Vorhaben der vorliegenden Arbeit ist, ein Verfahren zur Analyse von Problemen der Ressourcenabstimmung zur verbesserten Unterstützung der Produktionsplanung zu entwickeln. Das Analyseverfahren soll zu Zeitgewinn, Risikominimierung, Sensibilisierung und Systematisierung der Problemanalyse beitragen, damit Kosten- und Zeitziele in Industrieunternehmen besser erreicht werden. Die Integration einer derartigen Problemanalyse in die betriebliche Planung wurde in Kapitel 2 grundsätzlich abgeleitet und ist in Bild 5-1 ergänzt um wichtige Informationsbeziehungen im Überblick dargestellt. Folgende Einflußgrößen gehen danach in die Problemanalyse ein:

- Kosten- und Zeitziele aus der Phase der Zielbildung

- Ein marktorientiertes, d.h. eng am Absatzprogramm angelehntes Produktionsprogramm, welches aufgrund des ständigen, schnellen Wandels sehr dynamisches Verhalten aufweist

- Informationen über die dynamische Verfügbarkeit des Ressourcenangebots im Produktionssystem

- Informationen über Ressourcenzugänge und -abgänge als Ergebnis der Beschaffungsplanung bzw. Beschaffung.

Die Planungsphase der Problemlösung erhält als Ergebnis der Problemanalyse die erkannten Problemklassen der Ressourcenabstimmung bezüglich der Ressourcenbedarfe, -angebote und der Ressourcenbedarfsdeckung. Die in Bild 5-1 dargestellte Gesamtplanung ist als vernetztes Gebilde anzusehen, in dem die Benennung von einzelnen Teilplanungen und Planungsphasen lediglich didaktische Bedeutung hat, um die Vollständigkeit der Planung zu gewährleisten, nicht jedoch um einen sequentiellen Ablauf zu determinieren.

Entsprechend den Aussagen in Kapitel 2 und 3 sind die grundsätzlichen Aufgaben der Analyse von Ressourcenabstimmungsproblemen unabhängig von Ressourcenart, Planungsstufe und Planungshorizont. Daher wird ein universell einsetzbares Analyseverfahren benötigt, welches anwendungsspezifisch auf die konkreten

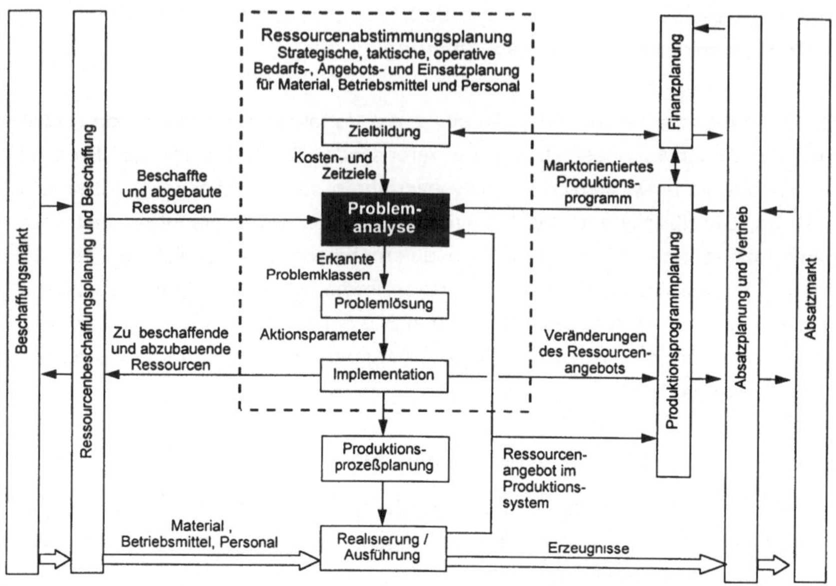

Bild 5-1:   Integration der Problemanalyse in die betriebliche Planung[1]

Analyseerfordernisse und -möglichkeiten zugeschnitten werden kann. Für die grundsätzlich benötigten Komponenten des Analyseverfahrens (Planungsinhalte, Problemklassen, Analysemethodik) wurden in Kapitel 4 Defizite im Stand der Technik abgeleitet. Zur Lösung des verbleibenden Methodenproblems wird im Rahmen dieser Arbeit vorgeschlagen, die Analyseaufgabe als Mustererkennungs- aufgabe zu interpretieren (Bild 5-2). Dazu wird die klassische, technisch orientierte Definition von NIEMANN[2], der ein Muster als Verlauf einer physikalischen Größe im ein-, zwei- oder mehrdimensionalen Raum definiert, auf den zeitdynamischen

---

[1] Zur Differenzierung bezüglich des Zusammenspiels von strategischer, taktischer und operativer Planung vgl. Voigt (1993) S. 65, Zäpfel (1989) S. 4.

[2] Vgl. Niemann (1974) S. 5.

Der Begriff Muster ist schwer faßbar. Haken zeigt an Bildbeispielen, wie verschiedenartig Muster aussehen können bzw. welche Erscheinungen unter dem Begriff Muster zu fassen sind (vgl. Haken (1990) S. 9-17). Mertens setzt der technischen Definition von Niemann bewußt eine be- triebswirtschaftliche Definition von Mustern als Kombination von Merkmalen entgegen, da er an- nimmt, daß bei betriebswirtschaftlichen Fragestellungen nicht eine einzige Größe, sondern ver- schiedene Merkmale betrachtet und verknüpft werden müssen (vgl. Mertens (1977) S. 779). Schwab versteht unter Mustern typische Verhaltensformen von Zeitreihen (vgl. Schwab (1991) S. 21). Auf dem Gebiet der Künstlichen Intelligenz werden darüber hinaus Muster als Klassen von strukturierten Symbolen definiert (vgl. Stoyan (1988)).

Verlauf der Planungsattribute Ressourcenbedarf,- angebot bzw. Ressourcenbedarfsdeckung übertragen. Eine zu analysierende Planungssituation wird als charakteristisches Planungsmuster aufgefaßt. Analog dazu werden die vom Produktionsplaner zu definierenden Problemklassen als bekannte Problemmuster interpretiert. Als Eingangsinformation der Analyse liegt demnach ein unbekanntes Datenmuster vor, während als Ausgangsinformation die Benennung einer oder mehrerer Musterklassen erwartet wird. Die Analysemethodik muß also eine Mustererkennung leisten.

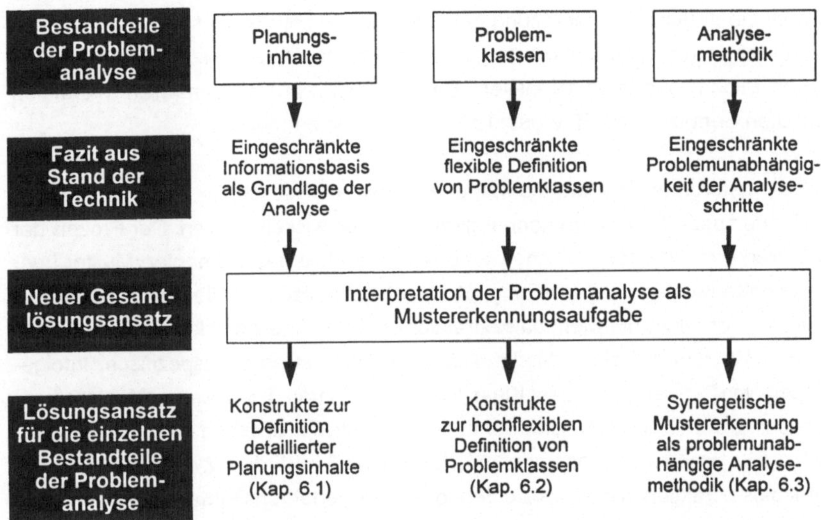

Bild 5-2:   Hauptdefizite bekannter Analyseverfahren und neuer Lösungsansatz

Theorien und Lösungen zur Mustererkennung (engl.: pattern recognition) entstanden ab etwa 1970 auf interdisziplinärer Grundlage und vorangetrieben durch die Informatik von Biologie, Medizin, Nachrichten- und Regelungstechnik, Meteorologie und Geologie.[1] Eine erste theoretische Übertragung auf die wirtschaftlichen Belange von Unternehmen wurde 1977 veröffentlicht.[2] Zu den Aufgaben der Mustererkennung gehören die Analyse von Mustern, die Einordnung bzw. Zuordnung zu Musterklassen und die vor- und nachbereitenden Operationen[3]. Heute hat die

---

[1]   Vgl. Mertens (1977) S. 779.

[2]   Vgl. Mertens (1977).

[3]   Vgl. Mertens (1977) S. 779.

Mustererkennung durch Klassifikation Hauptanwendungsgebiete in der Technik und Bildverarbeitung.[1] Veröffentlichungen zur Mustererkennung in Unternehmensdaten (Datenmustererkennung, engl.: Data Mining) sind demgegenüber sehr selten.[2] Die Begründung für die Wahl dieses Lösungsansatzes und dessen hohe Eignung liegen hauptsächlich darin, daß in den typischen Anwendungsgebieten der Mustererkennung ebenso wie bei der Analyse von Problemen der Ressourcenabstimmung große Informationsmengen verarbeitet werden müssen, und die zu erkennenden Muster sehr vielfältig und komplex sein können. Darüber hinaus legen die Verbindungen zwischen Mustererkennung und Bildverarbeitung nahe, sowohl die grafische Aufbereitung der Planungsinhalte als auch der Problemklassen durchgängig bildorientiert zu gestalten und das Analyseverfahren direkt auf diesen Bildern operieren zu lassen. Dadurch wird ein Höchstmaß an Interaktion zwischen Benutzer und EDV-gestütztem Verfahren ermöglicht.

Um die geforderte Problemunabhängigkeit der Analyseschritte zu gewährleisten, muß eine spezielle Mustererkennungsmethode entwickelt werden. Der Prozeß der Mustererkennung erfolgt üblicherweise ausgehend vom unbekannten Muster über die Schritte Mustervorverarbeitung, Merkmalsextraktion und Klassifikation (Bild 5-3, links). Vor allem die Merkmalsextraktion, bei der eine Abbildung des zu erkennenden Musters auf einen Merkmalsraum erfolgt, ist problemspezifisch. Infolgedessen wird meist auch das Klassifikationsverfahren bei diesem Mustererkennungsprozeß mit problem- und damit anwendungsspezifischen Algorithmen realisiert.[3] Ein problemunabhängiges Verfahren muß auf den Zwischenschritt der Merkmalsextraktion daher verzichten oder ihn verfahrensimmanent unabhängig von der Art der Musterklassen mit stets den gleichen Algorithmen selbsttätig

---

[1] Der in dieser Arbeit vorliegende Problemtyp entspricht in etwa einer Objektidentifikation im Rahmen der Bildverarbeitung (vgl. Puppe (1990) S. 47f).

[2] Vgl. Wildemann (1995), Zelewski (1990) S. 59, Mertens et al. (1994). Mertens beschreibt Datenmustererkennung als neuen Weg zum Umgang mit großen Mengen unternehmerischer Daten. Er definiert die Datenmustererkennung als Prozeß, der aus einer Datenmenge implizit vorhandene, aber bisher unentdeckte, nützliche Informationen extrahiert. Ein Datenmuster ist in diesem Kontext eine Aussage, die einen Zusammenhang innerhalb einer Untermenge der Daten beschreibt. Diese Datenmenge soll in vereinfachender und für den Anwender verständlichen Weise charakterisiert werden (vgl. Mertens (1994) S. 740).

[3] Dabei wird unter anderem auf die in Kapitel 4 beschriebenen statistischen und wissensbasierten Verfahren zurückgegriffen (vgl. Duda (1973), Niemann (1973), Niemann (1983)). Merkmalsorientierte Klassifikationen sind optimal einsetzbar, wenn zu erkennende Merkmale vorab bekannt sind, was in den meisten Erkennungsaufgaben gegeben ist. Aussagen wie "Gute Merkmale sind die halbe Klassifikation" zeigen, daß im Rahmen der Mustererkennung der Definition und Extraktion von Merkmalen mehr Aufmerksamkeit als der eigentlichen Klassifikation gewidmet wird (vgl. z.B. Schmutz (1993) S. 82). Auch in der klassischen Bildverarbeitung ist die Merkmalsextraktion Grundlage der Mustererkennung (vgl. Jähne (1993) S. 14f, Wahl (1984), Steinbrecher (1993) S. 229-233).

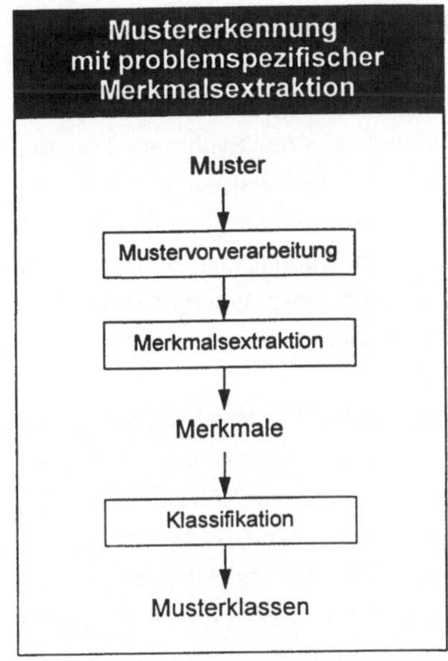

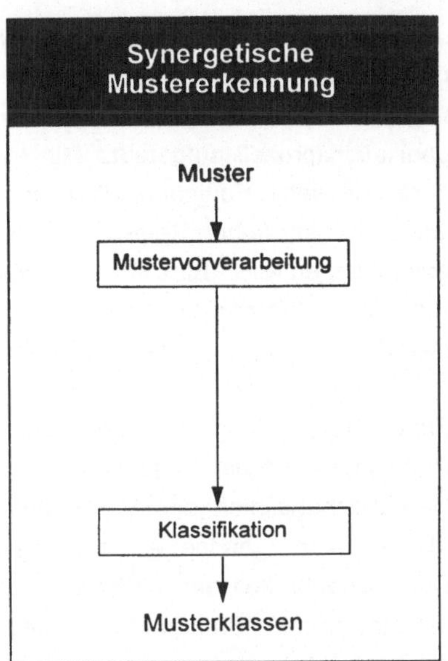

Bild 5-3: Problemabhängige (links) und problemunabhängige (rechts) Methoden zur Mustererkennung[1]

durchführen. Dies ist realisierbar mit synergetischen Algorithmen in ihrer Anwendung auf Mustererkennungsaufgaben (Bild 5-3, rechts).[2]

Die von HAKEN[3] begründete Synergetik ist die Lehre vom Zusammenwirken. Mit ihr können Selbstorganisationsprozesse in der belebten und unbelebten Natur beschrieben werden.[4] Einsätze der Synergetik für komplexe Probleme der Mustererkennung im Rahmen der Bildverarbeitung (vor allem Gesichts- und Unter-

---

[1] Vgl. Schürmann (1994) S. 11.

[2] Eine weitere problemunabhängige Realisierung der Mustererkennung ohne Merkmalsextraktion ist mit Neuronalen Netzen denkbar (Zur Beschreibung vgl. Ritter (1991), Schürmann (1994) S. 72 - 96, Mertens (1990) S. 13, Zabel (1992) S. 243ff, Wildemann (1995) S. 141-151, Schramm et al. (1994). Neuronale Netze sind jedoch ebenso wie die wissensbasierten Verfahren nicht zur Verarbeitung von Massendaten geeignet. Eine Eingangsneuronenschicht mit aufgrund der zu betrachtenden Datenmenge von mehreren tausend Neuronen ist auf dem gegenwärtigen Stand der Erkenntnisse nicht sinnvoll realisierbar (vgl. Schmutz (1993) S. 81)). Zu weiteren Nachteilen vgl. Krüger et al. (1992) S. 613.

[3] Vgl. Haken (1983), Haken (1987).

[4] Zu Anwendungen der Synergetik in Physik, Chemie, Biologie, Soziologie und Ökonomie vgl. Haken (1983) S. 235 - 337, speziell in der Ökonomie vgl. auch Christmann (1990).

schrifterkennung) werden von HAKEN[1], FUCHS[2], SCHULZ[3], WANG[4], WAGNER[5] und BOEBEL[6] beschrieben. Ein unbekannter Zustand wird von der Synergetik als ungeordnet, der erkannte als geordnet und der Erkennungsprozeß als Selbstorganisationsprozeß aufgefaßt.[7] Mit Hilfe der Erkenntnisse der Synergetik konnten bereits in vielen Forschungsdisziplinen Phänomene erklärt werden, so daß auch von einer sehr hohen Relevanz der Synergetik für die Produktionswissenschaften ausgegangen wird.[8] Eine Anwendung im Rahmen der Produktionsplanung ist dem Autor nicht bekannt, ebenso wenig wie der Einsatz einer synergetischen Mustererkennung für Analysen im Rahmen von Planungsaufgaben überhaupt.

Für die Verwendung bzw. Anpassung der synergetischen Mustererkennung für die Problemanalyse der Ressourcenabstimmungsplanung sprechen neben der Problemunabhängigkeit des Verfahrens die hohe Eignung zur Verarbeitung von Massendaten, geringe Anforderungen an die Datenqualität, gute analytische Durchschaubarkeit der Methodik und oft bessere Erkennungsleistungen als die mit statistischen Standardklassifikatoren erzielten.[9] Die Gesamtvorgehensweise zur Entwicklung des neuartigen Analyseverfahrens auf Basis des gewählten Lösungsansatzes einer synergetischen Mustererkennung gestaltet sich in dieser Arbeit wie folgt:

Wie in Bild 5-2 aufgeführt, sind zur Abbildung anwendungsspezifischer, hinreichend detaillierter Planungsinhalte sowie zur Abbildung flexibler Problemklassen Modellierungskonstrukte[10] zu entwickeln. Die Art der Konstrukte wird beeinflußt durch die synergetische Mustererkennungsmethodik, die eine bestimmte Art der Musterrepäsentation erfordert[11]. Das gesamte entwickelte Formalmodell der Problemanalyse wird in Kapitel 6 detailliert vorgestellt. Zur Modellierung der Inhalte

---

[1] Vgl. Haken (1979), Haken (1988), Haken (1991).

[2] Vgl. Fuchs et al. (1988).

[3] Vgl. Schulz (1992).

[4] Vgl. Wang et al. (1993).

[5] Vgl. Wagner et al. (1994), Wagner et. al. (1995).

[6] Vgl. Boebel et al. (1991) S. 7.

[7] Vgl. Boebel et al. (1991) S. 7.

[8] Vgl. Haken (1983) S. 361.

[9] Vgl. Boebel et al. (1991).

[10] Der Begriff Konstrukt wird hier als Oberbegriff für Modellierungsbausteine verwendet. Diese Definition ist nicht zu verwechseln mit der eingeschränkten Definition bei Krallmann (1994).

[11] Vgl. Puppe (1990) S. 234.

der Ressourcenplanung (Kap. 6.1) werden mathematische[1] Konstrukte zur Festlegung der Art, Detaillierung, Strukturierung und Anordnung der in die Analyse einzubeziehenden Ressourcen, Zeiträume und Planungsattribute vorgestellt. Zur Modellierung der Problemklassen der Ressourcenabstimmung (Kap. 6.2) werden Konstrukte entwickelt, die bezogen auf das Verhalten des Bedarfs, des Angebots und der Bedarfsdeckung der Ressourcen Material, Betriebsmittel und Personal eine flexible Modellierung der problemorientierten Analyseinteressen des Produktionsplaners ermöglichen. Auf Basis der auf dem Gebiet der synergetischen Mustererkennung existierenden Erkenntnisse und dem Vorhaben der Analyse von Problemen der Ressourcenabstimmung werden in Kapitel 6.3 entsprechende Algorithmen der Synergetik ausgewählt und in formale Abstimmung mit den Modellen in Kapitel 6.2 und 6.3 gebracht.

In Kapitel 7 wird der entwickelte Verfahrensablauf, d.h. das Zusammenspiel der in Kapitel 6 entwickelten Verfahrensgrundlagen dargestellt. Dabei sind zwei Phasen zu unterscheiden, nämlich die Phase der Vorbereitung und die Phase der Anwendung des Analyseverfahrens. Die Vorbereitungsphase (Kap. 7.1) umfaßt die Modellierung der Planungsinhalte und der Problemklassen durch den Produktionsplaner sowie die Verarbeitungsschritte zur verfahrensinternen Abbildung der Problemklassen. Die Anwendungsphase (Kap 7.2) umfaßt das Generieren eines zu analysierenden Planungsmusters und die eigentlichen Analyseschritte, d.h. die Mustererkennung bis zur Benennung der erkannten Problemklassen. Das entwickelte Verfahren deckt die Mindestanforderungen bezüglich des notwendigen Funktionsumfangs ab und kann im Einzelfall anwendungsspezifisch ergänzt werden.

Die Möglichkeiten und Grenzen des entwickelten Analyseverfahrens werden in Kapitel 8 beurteilt. Die grundsätzlichen Grenzen des in dieser Arbeit vorgeschlagenen Lösungsansatzes sind:

- Es können nur vorab definierte Problemklassen erkannt werden, d.h. neuartige analytische Schlußfolgerungen sind nicht möglich.[2]

---

[1] Eine mathematisch geprägte Formalisierung ist auf dem Gebiet der Produktionsplanung zwingend erforderlich, da die damit zusammenhängenden EDV-Programme ebenfalls eine spezielle Form der Formalisierung darstellen (vgl. Warnecke et al. (1990) S. 2).

[2] Zur hohen Relevanz der Problemklassenerkennung vgl. Kapitel 3.3 dieser Arbeit.

- Es müssen hinreichend detaillierte Planungsdaten vorliegen oder erzeugt werden können.

Die Leistungsgrenzen des Analyseverfahrens bezüglich Art und Zahl der erkennbaren Problemklassen sowie Erkennungsleistungen bei schlechter Datenqualität können nur experimentell erprobt werden. Dazu wird für ein betriebliches Anwendungsbeispiel in der Praxis die Modellierung der Planungsinhalte und der Problemklassen durchgeführt (Kap. 8.1). Mit einem realisierten EDV-gestützten Analyseprototyp wird die Erkennungsleistung in Labor (Kap. 8.2) und Praxis (Kap. 8.3) überprüft.

6 Grundlagen des Verfahrens zur Problemanalyse

6.1 Planungsinhalte der Ressourcenabstimmung

6.1.1 Modell der Planungsinhalte

In Kapitel 3.1 wurde abgeleitet, daß mit dem ersten Bestandteil der Problemanalyse die zu analysierenden Informationen definiert werden müssen. Daher sind anwendungsneutrale Konstrukte zu entwickeln, die folgende Modellierungen zulassen:

- Ressourcen des Produktionssystems
- Auswahl und Strukturierung der Ressourcen
- Planungszeitraum und dessen Unterteilung
- Planungsattribute
- Zustände der Planungsattribute.

Die Ressourcenarten eines Produktionssystems sind ohne Beschränkung der Allgemeinheit die Ressourcen Material, Betriebsmittel und Personal, wobei auf die Definition dieser Ressourcen in Kapitel 2.1 verwiesen wird. Unter Einzelressourcen dieser Ressourcenarten werden im folgenden diejenigen verstanden, die der detailliertest möglichen, nicht mehr teilbaren Gliederungsstufe im betrieblichen Informationsversorgungsinstrument[1] entsprechen. Diese Einzelressourcen werden bezeichnet mit: [2]

Material:	$MA := \{MA_a \mid 1 \le a \le a_{max}\}$
Betriebsmittel:	$BM := \{BM_b \mid 1 \le b \le b_{max}\}$
Personal:	$PE := \{PE_c \mid 1 \le c \le c_{max}\}$

Der Produktionsplaner hat die Aufgabe der Auswahl der in die Analyse einzubeziehenden Ressourcen und der Durchführung einer für die Problemanalyse optimalen Strukturierung. Diese Auswahl und Strukturierung führt ohne Beschränkung der Allgemeinheit zu einer Menge R zu analysierender Ressourcen:

---

[1] Vgl. Kap. 2.3.4 dieser Arbeit.

[2] MA bezeichnet beispielsweise die Menge aller Materialien und wird im folgenden mit der Ressourcenart Material identifiziert (Analog für BM, PE).

Ressourcen $\qquad R := \{R_r \mid 1 \leq r \leq r_{max}\}$

Die für die Analyse durchgeführte Strukturierung der Ressourcen kann von der Struktur der Einzelressourcen verschieden sein. So muß beispielsweise die durch die Produktionsstruktur[1] des Unternehmens vorgenommene Gruppierung von Ressourcen in der Ressourcenabstimmungsplanung und dementsprechend auch in der Problemanalyse abgebildet werden können. Bei Bedarf sind weiterhin Gruppierungen von Einzelressourcen aufgrund der Ungewißheit der Planungsinformationen durchzuführen[2]. Bei einer derartigen, für Analysezwecke optimierten Strukturierung der Ressourcen muß ein Kompromiß aus den Forderungen nach einer möglichst feinen Detaillierung und der anwendungsspezifischen Verfügbarkeit von Informationen gefunden werden.

Das erste Kriterium zur Ressourcenstrukturierung ergibt sich aus der unterschiedlichen Funktion der Ressourcen, die zu einer Zusammenfassung von Ressourcen mit gleichem qualitiativen Leistungsvermögen führt. Das Analyseinteresse an dieser Struktur ergibt sich daraus, daß bei Abweichungen zwischen Ressourcenangebot und -bedarf bezüglich dieser Struktur zwingend eine quantitative Abstimmung erforderlich ist (z.B. Anpassung der Zahl der betreffenden Einzelressourcen). Bezogen auf Betriebsmittel entspricht die funktionsorientierte Struktur einer Verrichtungsorientierung, bezogen auf Personal einer Qualifikationsorientierung, bezogen auf Material einer Zusammenfassung zu Materialgruppen mit gleichem Verwendungsspektrum.

Ein weiteres Gliederungskriterium ist eine Strukturierung der Ressourcen nach Erzeugnis bzw. Erzeugnisstruktur, bei der alle Ressourcen zur Produktion eines Erzeugnisses oder Zwischenerzeugnisses zusammengefaßt werden. Analyserelevant ist diese Struktur vor allem bei inhomogener Ressourcenauslastung. Das Wissen um eine derartige inhomogene Auslastungssituation versetzt den Produktionsplaner in die Lage, Aktionsparameter zur Variation der Zuordnung der Ressourcen zueinander zu gestalten bzw. zu aktivieren.

---

[1] Vgl. Wiendahl (1988) S. 24 - 42.

[2] Restriktionen können sich insgesamt ergeben aus Art, Zeitbezug, Verdichtung, Aktualität und Herkunft der Informationen (vgl. Mertens et al. (1977) S. 82ff). Für die Abstimmungsplanung der Ressource Personal bemerkt Kossbiel, daß Personalangebot und Personalbedarf vielfältig, dynamisch sowie unbestimmt, und zwar unsicher und unscharf sind, so daß eine zu große Genauigkeit der Abstimmung zwischen Personalbedarf und Personalangebot unzuverlässig ist (Kossbiel (1992), S. 1659).

Das dritte Kriterium zur Ressourcenstrukturierung ergibt sich aus den Verantwortungsbereichen (z.B. Meisterbereich, Team). Angesichts der zunehmenden Verlagerung von Planungsfunktion direkt in dezentrale Verantwortungsbereiche liegt das Analyseinteresse beispielweise in der Identifikation kritischer Verantwortungsbereiche, bei denen eine zentrale oder dezentrale Abstimmung erforderlich ist.[1]

Bild 6.1-1 zeigt die Ressourcenstrukturierung nach unterschiedlichen Kriterien beispielhaft als Übersicht. Die Anwendung verschiedener Kriterien zur Ressourcenstrukturierung kann mitunter zu ähnlichen Resultaten führen. So kann sich das Ergebnis einer verantwortungsbereichsorientierten Strukturierung mit dem Ergebnis der funktionsorientierten bzw. auch der erzeugnisorientierten Struktur decken.

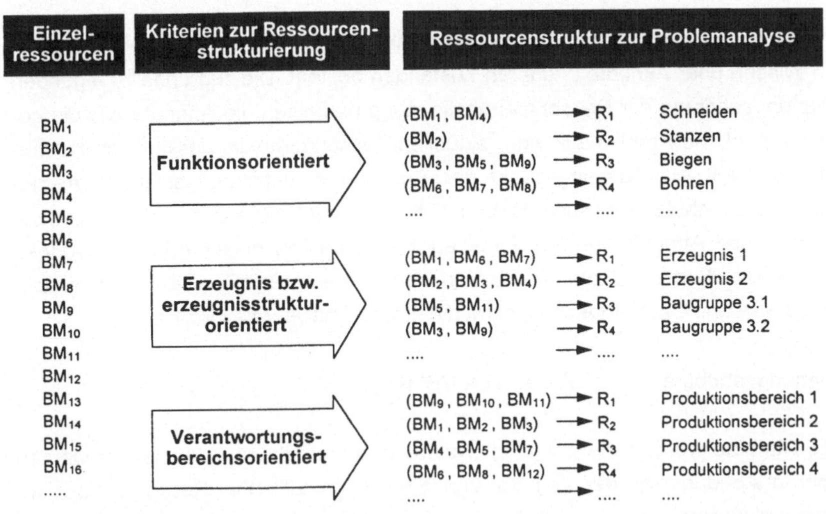

Bild 6.1-1:   Kriterien zur Ressourcenstrukturierung (am Beispiel Betriebsmittel)[2]

Die Abbildung ZRE beschreibt die durch die Auswahl und gewählte Strukturierung erzeugte Ressourcengliederung, d.h. sie gibt an, zu welcher Ressource R_r eine Einzelressource aus MA, BM und PE gehört. Durch die Abbildung können mehre-

---

[1] Vgl. Habich (1990) S. 2-35.

[2] Als weiteres Strukturierungskriterium können Kostenstellen verwendet werden (vgl. Wiendahl (1988) S. 220f). Diese führt meist zu gleichen Ressourcenstrukturierungen wie die im Bild beschriebenen; anderenfalls dienen sie nicht einer für die Problemanalyse optimalen Darstellung. Insgesamt kann daher auf eine explizite Ausformulierung verzichtet werden.

re Einzelressourcen einer Ressource R_r zugeordnet werden, d.h. ZRE ist nicht injektiv[1].

$$\text{ZRE: } MA \cup BM \cup PE \rightarrow R \cup \{\emptyset\}$$
$$x \rightarrow ZRE(x) = R_r$$

In der Praxis herrscht aus Komplexitätsgründen meist eine bezogen auf die Ressourcenarten getrennte Abstimmungsplanung vor, so daß auch im folgenden von einer getrennten Analyse ausgegangen wird.[2] Einer simultanen Abbildung und Betrachtung verschiedener Ressourcenarten steht verfahrensseitig aber nichts entgegen.

In Kapitel 3.1 wurde angeführt, daß das Faktenwissen über ein System vor allem im Wissen über Attribute und ihren Zuständen besteht. Die zugrunde zu legenden Planungsattribute der Ressourcenabstimmung umfassen die Attribute AT, die geeignet sind, die Problematik einer aktuellen Ressourcenplanungssituation zu charakterisieren. Als Ausgangspunkt der Ressourcenabstimmungsplanung dienen stets die Attribute Ressourcenbedarf (RB), -angebot (RA) und -bedarfsdeckung (RD). Diese Attribute werden daher auch im Rahmen dieser Arbeit verwendet, wobei vor allem die Ressourcenbedarfsdeckung aufgrund ihrer Information über Engpässe und Überhänge insgesamt die größte Analyserelevanz hat:[3]

Planungsattribute $\qquad$ $AT := \{RA, RB, RD\}$

Die Attribute werden wie bei allen Systemen, deren Dynamik untersucht werden soll, in Abhängigkeit der Zeit als Variablen dargestellt. Für Ressourcenabstimmungsplanungen werden stets diskrete Zeitabschnittsmodelle eingesetzt.[4] Für das Zeitmodell wird daher als Konstrukt der Planungszeitabschnitt PZA als zeitliches

---

[1] Durch die Menge R, d.h. durch die natürliche Ordnung der Indices aus IN ist eine Reihenfolge der Ressourcen definiert. Wird eine Einzelressource im folgenden nicht betrachtet, so ist diese der leeren Menge zuzuordnen.

[2] Simultanplanungsverfahren sind bislang erst prototyphaft realisiert (vgl. Kühnle (1987)). Es ist jedoch eine Ressourcenabstimmung derart zulässig, daß je eingesetzter Ressource ein einstufiges Abstimmungsproblem gelöst werden muß (CLSP = Capacitated Lot Sizing Problem) und die Gesamtlösung aus der Menge aller einstufigen Problemlösungen zusammengesetzt wird (vgl. Warnecke et al. (1990)).

[3] An die Verfahren zur Berechnung der Attribute werden - wie in Kapitel 3.2 gefordert - keine Anforderungen gestellt.

[4] Vgl. Kühnle (1987) S. 79 - 81, Kurz (1994) S. 55 - 57.

Planungsraster vorgesehen, der anwendungsspezifisch je nach Planungsstufe, Fristigkeit und Detaillierung als Stunde, Schicht, Tag, Woche oder Monat definiert werden kann. Weiterhin muß die Länge des Planungszeitraums (PZR), d.h. die Zahl T der zu betrachtenden Planungszeitabschnitte festgelegt werden. Das Zeitmodell, was diesen Anforderungen genügt, kann formuliert werden als[1]

Planungszeitraum $\qquad$ $PZR := \{PZA_t \mid t_x \leq t \leq t_{x+T-1}\}.$

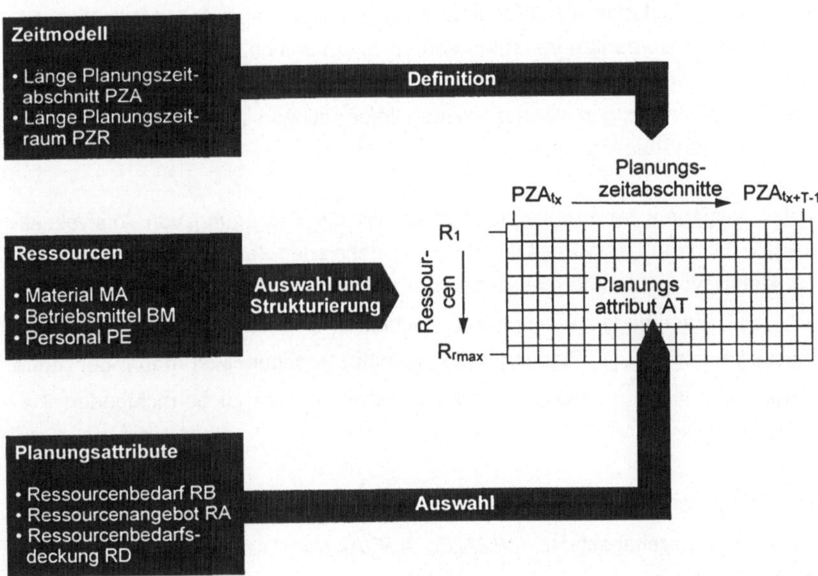

Bild 6.1-2: Darstellung der Planungsinhalte der Ressourcenabstimmung

Anhand der beschriebenen Konstrukte können ein oder mehrere anwendungsspezifische, durch Ressourcenart, -umfang, -struktur, Attribut und Zeit beschriebene Modelle für Planungsinhalte erstellt werden. Da im Rahmen dieser Arbeit grafische Unterstützungen zur Interaktion mit dem Produktionsplaner eingesetzt werden sollen, erfolgt die Darstellung als Anordnung paralleler Ressourcenzeilen (Bild 6.1-2). Die Reihenfolge der Anordnung der Ressourcen kann von Bedeutung für die Effizienz der Informationsaufnahme durch den Produktionsplaner sein. Ei-

---

[1] $x, T \in IN$

ne hohe Aussagekraft erlangt diese Darstellung beispielsweise, wenn die Reihenfolge der Betriebsmittel der Materialflußrichtung entspricht oder Personalressourcen nach absoluten Qualifikationsmerkmalen[1] aufsteigend angeordnet werden können. Die Sortierung muß vom Produktionsplaner mit der oben eingeführten Abbildung ZRE zweckgerichtet durchgeführt werden.

6.1.2 Modell des Generierens von Planungsmustern

Die aktuellen Zustände der Planungsattribute werden aus den informationsbeschaffenden Instrumenten im Unternehmen übernommen. Innerhalb des Verfahrens zur Problemanalyse genügt daher in der Regel eine einfache Summation von einzelressourcenbezogen übernommenen Informationen zur Transformation auf die modellierten Planungsinhalte.[2]

Zu den Aufgaben der Problemanalyse gehört die Festlegung von Analysezeitpunkten. Dazu muß eine Positionierung des definierten Zeitraums zu einem aktuellen Datum vorgenommen werden können. Dies geschieht durch Auswahl des ersten zu betrachtenden Planungszeitabschnitts PZA_{tx}. Aufgrund der festen Planungszeitraumlänge (T Planungszeitabschnitte) ergeben sich dann der erste (PZA_{tmin}) und letzte (PZA_{tmax}) Planungszeitabschnitt des zu betrachtenden Planungszeitraums:

Erster Planungszeitabschnitt: $\quad PZA_{tmin} := PZA_{tx}$

Letzter Planungszeitabschnitt: $\quad PZA_{tmax} := PZA_{tx+T-1}$

Aktueller Analysezeitraum: $\quad PZR = \{PZA_t \mid t_{min} \leq t \leq t_{max}\}$

In der Regel liegt PZA_{tmin} in der Vergangenheit und PZA_{tmax} in der Zukunft. In Ausnahmefällen kann es aber durchaus opportun sein, die Analyse nur auf die Zukunft oder nur auf die Vergangenheit zu beziehen. Reine Vergangenheitsanalysen sind sinnvoll einsetzbar, wenn keine expliziten Zukunftsinformationen vorliegen, gleichzeitig aber von überwiegend sicherem bis abschätzbarem Wandel der

---

[1] Vgl. Drumm (1989) S. 157-160.

[2] Die Transformationen schließen auch die Umrechnung verschiedener Detaillierungen des Zeitmodells ein. Werden verschiedene Ressourcenarten grupppiert, ist keine Summation möglich. In diesem Fall muß zunächst eine gemeinsame Beschreibungsform für Angebote und Bedarfe definiert werden.

Produktionsbedingungen ausgegangen werden kann. Reine Zukunftsanalysen sind sinnvoll, wenn ausreichend Zukunftsinformationen vorliegen und gleichzeitig aufgrund von überwiegend offenem Wandel der Produktionsbedingungen die Vergangenheitsdaten keine Schlüsse auf die Zukunft zulassen.

Die aktuelle Planungssituation wird durch die Angabe des Attributwerts des festgelegten Attributs (RA, RB oder RD) für die betrachteten Ressourcen und Planungszeitabschnitte vollständig beschrieben. Diese Werte werden durch die Abbildung ZAT festgelegt:[1]

$$\text{ZAT:} \quad R \times PZR \quad \rightarrow \Re$$

$$(R_r, PZA_t) \quad \rightarrow ZAT\,(R_r, PZA_t) =: \gamma_{r,t}$$

ZAT kann durch eine Matrix, die sogenannte Planungsmatrix PLM, beschrieben werden, in der die Attributwerte der Ressourcen R entsprechend der modellierten Struktur und Sortierung zeilenweise angeordnet sind:

$$\underline{PLM} = \begin{bmatrix} \gamma_{1,t_{min}} & \cdots & \gamma_{1,t_{max}} \\ \cdots & \gamma_{r,t} & \cdots \\ \gamma_{r_{max},t_{min}} & \cdots & \gamma_{r_{max},t_{max}} \end{bmatrix}$$

Die Planungsmatrix PLM ist eine (r_{max}, T)-Matrix mit $N = r_{max} * T$ Einträgen. Die Menge aller derartigen Matrizen wird als PLM bezeichnet. Aus der Forderung nach umfangreichen, detaillierten Planungsinhalten resultiert, daß die Anzahl der Einträge sehr hoch ist.

Die Darstellung der aktuellen Ressourcenplanungssituation erfolgt zur optimalen Informationsaufnahme für den Produktionsplaner als Grauwertbild.[2] Diese haben den Vorteil, daß sich Informationen wie beispielsweise bei Balkendiagrammen nicht gegenseitig verdecken können.

Die Grauwerte ergeben sich proportional zu den konkreten Attributwerten der Matrixelemente. Um eine einheitliche, vergleichbare Darstellung von Grauwertbildern zu gewährleisten, wird ein sogenanntes Normalniveau NN eingeführt, dem ein fester Grauwert zugeordnet wird. Bei Analyse des Planungsattributes Ressour-

---

[1] In der Definition von ZAT ist das Attribut nicht explizit enthalten, da es fix gewählt wird.

[2] Vgl. z.B. Bild 7.3-2 dieser Arbeit. Die Auflösung von Grauwertbildern beträgt in der Regel 256 Stufen, ist jedoch abhängig von den Datenausgabegeräten (Bildschirm, Drucker) zu wählen.

cenbedarfsdeckung ist es zweckmäßig, dem Normalniveau den Wert Null und einen mittleren Grauwert zuzuweisen, so daß Engpässe beispielsweise dunkel und Ressourcenüberhänge hell hervortreten, während mittleres Grau unkritische Bereiche kennzeichnet. Bei den Attributen Ressourcenbedarf und Ressourcenangebot kann das Normalniveau entweder zu Null gesetzt und der minimale Grauwert zugeordnet werden, oder das Normalniveau wird gleich bestimmten Standardwerten gesetzt (z.B. abgeleitet aus Standardbetriebszeit, mittlerem Lagerbestand, Durchschnittsarbeitszeit des Personals etc.) und ein mittlerer Grauwert zugeordnet. Zur Realisierung dieser grafischen Darstellungsart ist lediglich eine einfache Lineartransformation der Matrixelemente durchzuführen, bei der zusätzlich fehlende Planungsinformationen in der Matrix PLM durch Zuweisung des Normalniveauwertes NN vervollständigt werden.[1]

Das Grauwertbild zeigt den Verlauf des gewählten Attributwerts im Raum, der durch die Ressourcen- und die Zeitachse aufgespannt wird. Eine aktuelle Planungssituation kann demnach als Muster aufgefaßt werden. Im folgenden wird daher auch der Begriff Planungsmuster synonym zur Planungsmatrix verwendet.

6.2 Problemklassen der Ressourcenabstimmung

In diesem Kapitel werden Konstrukte entwickelt, mit denen ein betrieblicher Produktionsplaner auf Basis anwendungsspezifischer Gegebenheiten seine Analyseinteressen hochflexibel modellieren kann. Das Analyseinteresse richtet sich auf objektive und subjektive sowie problem- und problemlösungsorientierte Problemklassen in der Entwicklung von Ressourcenbedarf, -angebot oder -bedarfsdeckung.

6.2.1 Modell der Problemklassen

In einem realen Produktionssystem muß davon ausgegangen werden, daß die Probleme der Ressourcenabstimmungsplanung gleichzeitig Merkmale von Verhaltenswissen, Strukturwissen und Metawissen aufweisen.[2] Daher ist es im fol-

---

[1] Diese Vervollständigung ist für die folgenden mathematischen Operationen erforderlich.

[2] Die Trennung der Wissenarten hat in der Vergangenheit analytische Methoden hervorgebracht, die jeweils speziell auf das Gewinnen von diesbezüglichem Wissen zugeschnitten waren. Ziel war die Bereitstellung eines theoretisch fundierten General Systems Problem Solver (GSPS)

genden nicht sinnvoll, zur Modellierung von Problemklassen zwischen diesen theoretischen Wissenskategorien zu unterscheiden, sondern sie in Summe als Grundlage der von der Problemanalyse zu generierenden Wissens anzusehen. Stattdessen können die Problematiken der Ressourcenabstimmung grob gegliedert werden in

- ressourcenorientierte Problemklassen,
- zeitabschnittsorientierte Problemklassen und
- simultan ressourcen- und zeitabschnittsorientierte Problemklassen.

Das Interesse bei ressourcenorientierten Problemklassen (Längsschnitte[1]) richtet sich auf das Verhalten von Ressourcenangebot bzw. -bedarf oder das Auftreten von Ressourcenengpässen bzw. -überhängen über dem Planungszeitraum bezogen auf eine oder mehrere feste Ressourcen. Als zu analysierende Problemklassen können hier vor allem temporäre bzw. permanente Erscheinungen sowie trendförmige, sprunghafte oder zyklische (z.B. saisonale) Verhaltensweisen angesehen werden. Von besonderer Bedeutung für den Produktionsplaner ist die Einordnung derartiger Problemklassen hinsichtlich zeitlichem Beginn, damit er die zur Verfügung stehende Reaktionszeit zur Lösung des Problems bzw. daraus folgend auch dessen Dringlichkeit abschätzen kann.

Zeitabschnittsorientierte Problemklassen (Querschnitte) sich auf das Verhalten verschiedener Ressourcen in festen Planungszeitabschnitten. An dieser Stelle kann aufgezeigt werden, zu welcher Konsequenz die in Kapitel 3.3 angeführte lösungsorientierte Strukturierung von Problemen führen kann. Die Analyse des zeitgleichen Vorliegens von Überhängen und Engpässen bei verschiedenen Ressourcen (Komplementärsituation) kann durch die Einsatzvariation der Ressourcen gelöst werden. Sind dem Planer derartige Aktionsparameter und ihr Wirkungsprofil auf die Ressourcenbedarfsdeckung bekannt, so kann er das "Negativprofil" dieser Aktionsparameter als zu erkennende Problemklasse modellieren. Aus der Problemanalyse resultiert dann gleichzeitig ein Vorschlag zur Anwendung dieser Aktionsparameter. Eine derartige Planungsunterstützung ist vor allem für die Bewältigung der Anteile des sicheren und abschätzbaren Wandels des Umfelds von sehr hohem Nutzen.

(vgl. Gomez (1981) S. 133 - 170). Diese Verfahren haben jedoch nur wenig praxisrelevante Bedeutung gewinnen können.

[1] Längsschnitte stellen die Analyse von Ressourcenzeilen in den Vordergrund, Querschnitte die Zeitspalten.

Simultan ressourcen- und zeitbezogene Analyseinteressen (Flächenschnitte) sind in der Regel sehr anwendungsspezifische problematische Konstellationen im Produktionssystem. Auch für solche Analysen eignet sich sowohl eine problem- als auch eine problemlösungsorientierte Strukturierung von Abstimmungsproblemen. So zeigt Bild 6.2-1 schematische Beispiele für komplexe Ressourcenbedarfsprofile eines Erzeugnisses in den Grauwertbildern modellierter Planungsinhalte. Wird das Vorliegen eines derartigen oder zumindest ähnlichen Profils in einer aktuellen Planungssituation erkannt, kann der Produktionsplaner (je nach Vorzeichen der Abweichung) gezielt durch Erhöhen oder Verringern der Produktionsmenge des betreffenden Erzeugnisses die Problematik lösen.

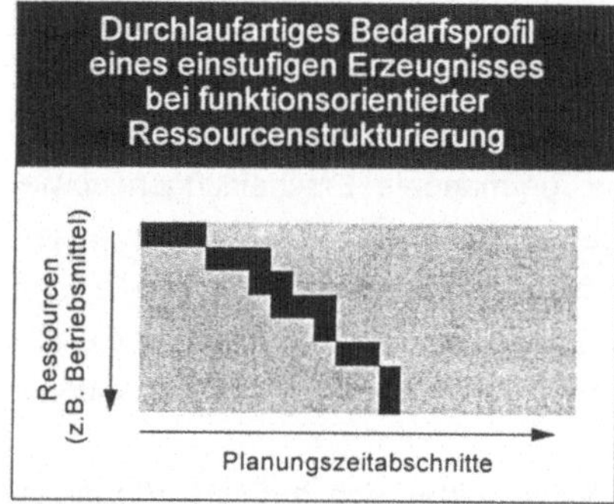

Bild 6.2-1:   Beispiele für Ressourcenbedarfsprofile

Wie oben erwähnt, sind die insgesamt möglichen Problemklassen im Rahmen der Ressourcenabstimmungsplanung aufgrund der Anwendungsspezifik der Planungsprobleme und der teilweisen Subjektivität unbekannt. Im folgenden werden daher verallgemeinernd mögliche Problemklassen durch den Verlauf des Ressourcenattributs RA, RB oder RD in der Grauwertdarstellung konkreter Planungsinhalte beschrieben. Entsprechend des in Kapitel 5 eingeführten Musterbegriffs handelt es sich also auch bei den Problemklassen um (Daten-)Muster, im folgenden daher auch Problemmuster genannt. Diese Muster können sowohl einfach als auch komplex, sowie anschaulich oder abstrakt sein.[1] Zur anwendungsspezifischen Modellierung derartiger Muster werden Konstrukte entwickelt, die zum Überblick vorab in Bild 6.2-2 dargestellt werden.

---

[1]   Vgl. Mertens (1977) S. 779.

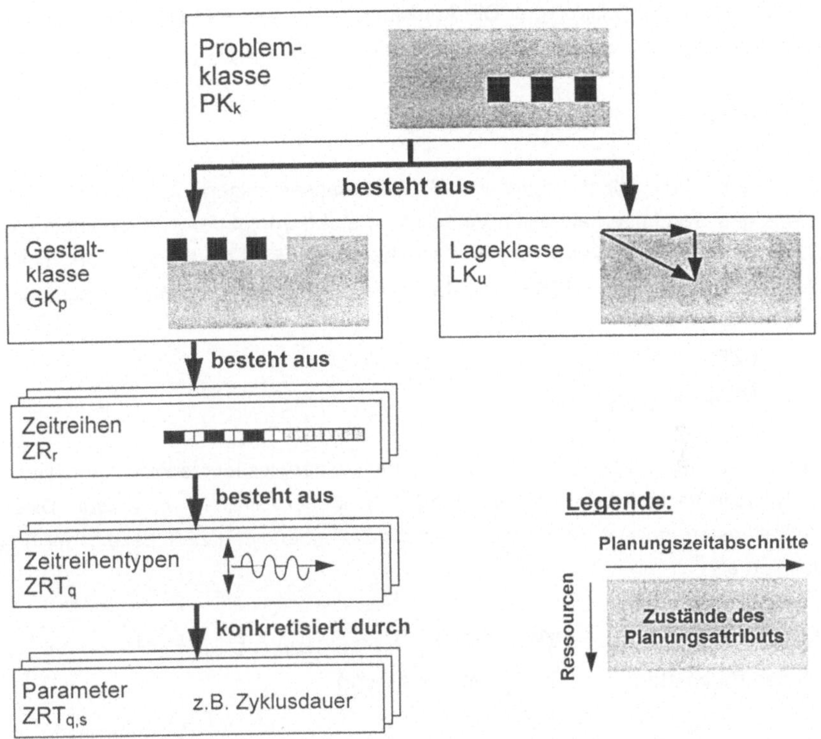

Bild 6.2-2:   Konstrukte zur Modellierung von Problemklassen (am Beispiel)

Die typisierten, vom Produktionsplaner zu modellierenden Probleme werden durch die Problemklassen PK repräsentiert:

Problemklassen $PK := \{PK_k \mid 1 \leq k \leq k_{max}\}$

Die Problemklassen werden beschrieben durch einen 2-Tupel aus einer Gestaltklasse GK_p und einer Lageklasse LK_u. Die Gestaltklasse beschreibt das grundsätzliche Aussehen der Problemklasse, d.h. das charakteristische zeitliche Verhalten der Planungsattribute und den Umfang betroffener Ressourcen. Die Lageklasse bestimmt die Makrolage der gesamten Gestaltklasse im Grauwertbild bezüglich Zeit und Ressourcen. Diese Makrolage ist nicht zu verwechseln mit der in der Gestaltklasse enthaltenen relativen Lage einzelner charakteristischer Elemente zueinander (Mikrolage). Die Aufteilung in Gestalt- und Lageklasse ist aus Gründen der Mustererkennung zwingend erforderlich.[1] Es gilt :

Problemklasse $\quad$ $PK_k := (GK_p, LK_u)$

Da - wie die beispielhaft angeführten Problemklassen zeigen - insgesamt die Dynamik des Systemverhaltens im Vordergrund steht, erfolgt der Aufbau dieser Gestaltklassen aus den Verläufen von Zeitreihen. Dazu wird die Menge F der möglichen Abbildungen f von PZR in den Raum der Attributwertebereiche $\Re$ eingeführt.

$$f: \quad PZR \quad \rightarrow \quad \Re$$
$$PZA_t \quad \rightarrow \quad f(PZA_t)$$

Der Verlauf des betrachteten Planungsattributs einer Ressource kann verschiedene typische Verhaltensformen wie Trend, Zyklus oder Ähnliches aufweisen. Diese Verhaltensformen werden im folgenden als Zeitreihentypen ZRT bezeichnet und definiert als:

Zeitreihentypen $\quad$ $ZRT := \{ZRT_q \mid 1 \leq q \leq q_{max}\} \subset F$

mit den Parametern $\quad$ $ZRT_{q,s}$ für $1 \leq s \leq s(q)$

Bild 6.2-3 zeigt die Konstrukte Zeitreihentyp und Parameter im Überblick. Mit den abgebildeten Zeitreihentypen ist bei entsprechender Parametrierung und Kombination eine Modellierung der überwiegenden in der industriellen Anwendung anzunehmenden Problemklassen möglich. Diese Annahme ergibt sich daraus, daß die Grundformen konstanter Verlauf, Block, Sprung, Trend und Zyklus entweder selbst direkt analyserelevant sind, oder mit diesen Basisbausteinen durch parallelen oder superponierten Einsatz selbst komplizierte Situationen konstruiert werden können. Dieses Konstruieren kann sich auf ressourcenorientierte, zeitabschnittsorientierte sowie simultane Analyseinteressen beziehen. So sind beispielsweise Problematiken wie die in Bild 6.2-1 abgebildeten aus einzelnen Zeitreihentypen der Form "Block" zusammengesetzt. Für gegebenenfalls speziellere, differenziertere Analysen sind anwendungsspezifisch Ergänzungen der Zeitreihentypen möglich.

---

[1] Vgl. Kap. 6.3 dieser Arbeit.

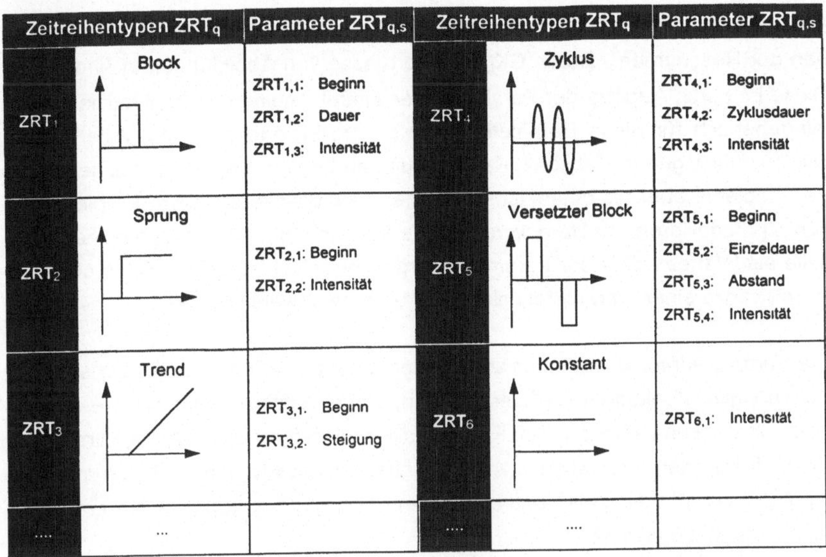

Bild 6.2-3: Parametrierbare Zeitreihentypen als Modellierungskonstrukte

Jeder Ressource werden je nach Problemklasse ein oder mehrere relevante Zeitreihentypen zugeordnet, deren Überlagerung das zeitliche Verhalten des Attributwerts beschreiben. Als Ergebnis liegen Zeitreihen vor.

Sei ZR die Abbildung, die jeder Ressource die relevanten Zeitreihentypen zuordnet:

$$ZR: \quad R \quad \rightarrow P\,(ZRT)$$
$$R_r \quad \rightarrow ZR(R_r) =: ZR_r = \{ZRT_{q1}, ..., ZRT_{qx}\} \subset ZRT$$

Sei nun M die Menge aller Abbildungen g der Form

$$g: \quad R \times PZR \quad \rightarrow \Re$$
$$(R_r, PZA_t) \quad \rightarrow g(R_r, PZA_t)$$

Die Gestaltklassen $GK_p \subset M$ ergeben sich dann durch Überlagerung der Zeitreihen der Ressourcen[1]. Durch GK_p ist eine Klasse von Abbildungen in M definiert. Diese ist durch Angabe der Parameter der Zeitreihentypen zu konkretisieren. Als Wertebereich für diese Parameter kommen Einzelwerte oder Intervalle infrage. Die Ausführungen in Kapitel 2, Kapitel 3 und zu Beginn dieses Kapitels legen nahe, Probleme eher als charakteristische denn als präzise definierte Problemsituation zu modellieren. Insofern werden ohne Beschränkung der Allgemeinheit Intervalle als Wertebereich der Parameter vorgesehen. Bei Bedarf kann die obere Intervallgrenze eines Parameters gleich der unteren gewählt werden.

Die Parameterintervalle können scharf oder unscharf in Form von "Fuzzy sets" mit Zugehörigkeitsfunktionen definiert werden, wobei letzteres eine höhere Anwenderfreundlichkeit verspricht.[2] Im Rahmen dieser Arbeit wird jedoch die Parametrierung mit scharfen Intervallgrenzen vorgesehen, da dies höhere Anforderungen an die Analysemethodik stellt[3], und ein späterer Übergang auf unscharfe Parametrierung einfach möglich ist.[4]

Für die Parameter jeder Zeitreihe, die in einer Zeitreihen-Parameterliste $ZRPL_r$ enthalten sind, sind die Minimal- und Maximal-Werte als Intervallgrenzen zu definieren. Als Ergebnis liegt die Zeitreihen-MinMax-Liste $ZRMML_r$ vor. Es gilt:

Zeitreihen – Parameter – Liste:

$$ZRPL_r := \left(\left(ZRT_{q_1,1}, ..., ZRT_{q_1,s(q_1)} \right), ..., \left(ZRT_{q_x,1}, ..., ZRT_{q_x,s(q_x)} \right) \right)$$

Zeitreihen – MinMax – Liste:

$$ZRMML_r := \left(\left(ZRT_{q_1,1,min}, ZRT_{q_1,1,max} \right), ..., \left(ZRT_{q_1,s(q_1),min}, ZRT_{q_1,s(q_1),max} \right) \right), ...$$
$$..., \left(\left(ZRT_{q_x,1,min}, ZRT_{q_x,1,max} \right), ..., \left(ZRT_{q_x,s(q_x),min}, ZRT_{q_x,s(q_x),max} \right) \right)$$

---

[1] Ein Zeitreihentyp ZRT_q definiert genauso wie eine Gestaltklasse GK_p eine Klasse von Abbildungen, da bei den Zeitreihentypen die Parameterwerte noch frei sind bzw. Intervalle darstellen können. Die Überlagerung dieser Klassen, genauer die Überlagerung von Funktionen aus diesen Klassen, wird erst exakt definiert, nachdem diese Parameter auf jeweils einen konkreten Wert festgelegt sind (vgl. Kap. 6.2.2).

[2] Vgl. Tilli (1993).

[3] Vgl. Kapitel 6.3 dieser Arbeit.

[4] Vgl. Kruse et al. (1993), Tilli (1993), Braun (1994). Zur Unterstützung der Modellierung kann auch bei scharfen Intervallen mit anwendungsfreundlichen lingusitischen Variablen gearbeitet werden.

Indem die Zeitreihen-Parameter-Listen der Ressourcen einer Gestaltklasse zusammengeführt werden, sind die problemanalyserelevanten Gestaltklassen GK_p vollständig beschreibbar. Aus Verfahrensaspekten der Mustererkennung besteht die Anforderung, daß sich zwei Gestaltklassen nicht nur durch intensitätsbestimmende Parameter unterscheiden dürfen.[1] Wenn dies trotzdem erforderlich ist, kann zu einer hierarchischen Klassenbildung übergegangen werden.[2]

Wie oben erwähnt, beschreibt die Gestaltklasse zwar das Aussehen, nicht jedoch die Makrolage der Problemklasse im Grauwertbild. Die Lage der Gestaltklassen wird daher zunächst grundsätzlich als in der oberen linken Ecke (Ursprung[3]) liegend angesehen. Die Position einer Gestaltklasse kann verschiedene Analyseinteressen verkörpern:

- Genau bestimmte Positionen sind erforderlich für präzise Problembeschreibungen.

- Positionen in einem bestimmten Bereich, wie beispielsweise eine "frühe" oder "späte" zeitliche Lage eines Problems, entsprechen am konsequentesten dem Ansatz der Modellierung von Problemen in Form von Klassen.

- Bei beliebiger Position ist die Erkennung der Lage einer Gestaltklasse zwar von Interesse, aber nicht bestimmend für eine Problemklasse.

Zur Beschreibung der Lage von Gestaltklassen werden Lageklassen LK mit Parametern eingeführt, die eine ressourcenbezogene Lage ($LR_u \in R$) und eine zeitliche Lage ($LT_u \in PZR$) einer Gestaltklasse beschreiben. Die Lageklasse wird durch die Angabe eines Intervalls für die Ressourcen und eines Intervalls für die Planungszeitabschnitte spezifiziert:

Lageklassen: $\quad LK := \{LK_u \mid 1 \leq u \leq u_{max}\}$

mit den Parametertupeln $LK_u = ((LR_{u,min}, LR_{u,max}), (LT_{u,min}, LT_{u,max}))$

Einer Gestaltklasse können eine oder mehrere Lageklassen zugeordnet werden:

---

[1] Die Begründung liegt in der in Kapitel 6.3 geforderten Voraussetzung nach linerarer Unabhängigkeit der Klassen.

[2] Bei zu unterscheidenden Intensitäten und einem hierarchischen Klassenmodell muß eine manuelle oder verfahrensgestützte Intensitätserkennung integriert werden.

[3] Der Ursprung bezeichnet die erste Ressource R und den ersten Planungszeitabschnitt PZA.

$$ZG: \quad GK \rightarrow P(LK)$$

$$GK_p \rightarrow ZG(GK_p) =: ZG_p = \{LK_{u1}, ..., LK_{ux}\} \subset LK$$

Bei Bedarf kann die obere Intervallgrenze gleich der unteren gewählt werden, d.h. $LR_{u,min} = LR_{u,max}$ bzw. $LT_{u,min} = LT_{u,max}$. Für Problemklassen, bei denen die Lage der Gestaltklasse beliebig und damit nicht klassenbestimmend ist, sind die Parameter wie folgt zu definieren:

Definiere:
$$(LR_{u,min}, LR_{u,max}) := (R_1, R_{rmax})$$
$$(LT_{u,min}, LT_{u,max}) := (PZA_{tmin}, PZA_{tmax})$$

Mit den Konstrukten zur Modellierung der Gestaltklassen GK_p und der Lageklassen LK_u sind die Problemklassen $PK_k = (GK_p, LK_u)$, die die Analyseinteressen des Produktionsplaners bezogen auf die modellierten Planungsinhalte repräsentieren, vollständig modellierbar.

6.2.2 Modell des Generierens von Problemmustern

Die Analysemethodik benötigt zur verfahrensinternen Abbildung der Problemklassen konkrete Matrizen als repräsentative Vertreter. Das Generieren expliziter Matrizen ist zudem erforderlich für eine grafische Darstellung der modellierten Problemklassen zur Kontrolle bzw. zum schnellen Überblick für den Produktionsplaner. Die Darstellung erfolgt analog zur Planungssituation in einem identisch aufgebauten Grauwertbild der modellierten Planungsinhalte.

Aufgrund der Parametrierung der Zeitreihentypen in Form von Intervallen können zu jeder Problemklasse PK_k beliebig viele konkrete Muster als Matrizen generiert werden. Diese Mustermatrizen seien im folgenden als Problemmuster $\underline{PRM}_{p,m}$ bezeichnet. Die Berechnung der Problemmuster erfolgt auf Basis einer konkreten Festlegung von Parameterwerten aus den Intervallen der Zeitreihen-MinMax-Liste $ZRMML_r$. Prinzipiell ist es dazu möglich, konkrete Parameter systematisch festzulegen oder anhand von zu definierenden Verteilungen über den Intervallen zufällig zu erzeugen. Im Rahmen dieser Arbeit erfolgt eine systematische Parametergenerierung, damit sichergestellt ist, daß bereits mit wenigen konkreten Problemmustern die jeweils modellierte Problemklasse möglichst vollständig repräsentiert werden kann. Dazu werden aus dem Parameterintervall entsprechend der Zahl der zu erzeugenden Problemmuster äquidistante Werte gewählt.

Nach Festlegung der konkreten Ausprägung der Parameter der Zeitreihentypen ist es möglich, die Zeitreihen zu berechnen. Für jede feste Ressource R_r ergibt sich der Verlauf des Attributwerts durch

$$PRM\,(R_r, PZA_t) := \lambda_{r,t} := \sum_{ZRT_q \in ZR_r} ZRT_q(PZA_t) \qquad r = konstant,\ t = t_x,\ ...,\ t_{x+T-1}$$

wobei ZRT_q die Funktionsausdrücke[1] der Zeitreihentypen sind. Da die Zeitreihen jeweils für eine Ressource definiert sind, ergeben sich die Klassen durch das Zusammensetzen[2] dieser Zeitreihen. Daraus resultiert für jede Gestaltklasse GK_p die Menge PM_p der Problemmuster $\underline{PRM_{p,m}}$, die ebenso wie die Planungsmuster (r_{max}, T)-Matrizen sind.

6.3 Analysemethodik

Der Bestandteil Analysemethodik des Verfahrens zur Problemanalyse kann formal beschrieben werden als eine klassifizierende Abbildung ZA von allen möglichen Planungsmatrizen PLM auf die Potenzmenge der Problemklassen PK. Die Abbildung ist stark reduzierend, weil die Zahl der Informationen über die Planungssituation $r_{max}*T$ angesichts der geforderten hohen Detaillierung die Zahl der modellierten Problemklassen k_{max} in der Regel um Größenordnungen übersteigt. Es gilt:

$$\text{Analyse} \qquad ZA:\quad PLM\ \rightarrow P\,(PK)$$
$$\underline{PLM}\ \rightarrow ZA\,(\underline{PLM}) =: ZA^{aktuell} = \{PK_{k1},\ ...,\ PK_{kx}\} \subset PK$$

$ZA^{aktuell}$ kann entsprechend der Forderung nach Mehrfachklassifikationen eine oder mehrere Problemklassen beinhalten. Im folgenden wird die Abbildung ZA im

---

[1] Die verwendeten Funktionsterme sind für Blöcke eine doppelte Sprungfunktion, für Trends eine Geradengleichung, für Sprünge eine einfache Sprungfunktion und für den Zyklus eine Sinusfunktion.

[2] Formal wird die Zeitreihe einer Ressource auf alle Ressourcen erweitert, indem für die hinzukommenden Ressourcen der Wert 0 angesetzt wird. Daraufhin werden die Zeitreihen komponentenweise addiert.

wesentlichen auf Basis synergetischer Algorithmen modelliert. Wie in Bild 5-3 dargestellt, werden im Rahmen von Mustererkennungsaufgaben Mustervorverarbeitungsschritte vorangestellt, um die Muster in eine für die Klassifikation optimale Darstellung zu bringen. Diese Vorverarbeitung muß ebenfalls problemunabhängig sein und wird in Kapitel 6.3.1 vorgestellt.

6.3.1 Modell des Vorverarbeitens von Mustern

Die folgenden Schritte der Mustervorverarbeitung[1] werden - wie in Kapitel 7 ausführlich gezeigt - sowohl auf Problemmuster als auch auf die Planungsmuster angewendet. Daher wird im folgenden eine neutrale Formulierung des Vorverarbeitungsmodells gewählt und eine beliebige (r_{max}, T)-Mustermatrix $\underline{MM}$ eingeführt:

Mustermatrix $\qquad \underline{MM} = (\varphi_{r,t})$

Im Rahmen dieser Arbeit benötigte Verfahren zur Mustervorverarbeitung dienen einerseits der Verbesserung von Muster- bzw. Bildeigenschaften im Vorfeld der Erkennung und andererseits der Aufbereitung der Daten in einer für die synergetischen Algorithmen verarbeitbaren Form.

Mit einer Separation werden alle Matrixelemente, die einen Schwellwert nicht überschreiten, gleich dem Normalniveau NN gesetzt. Die Wahl dieses Schwellwertes seitens des Produktionsplaners ist in Abhängigkeit seiner Analyseinteressen durchzuführen und entspricht der in Bild 2.3-2 genannten Kontrollaufgabe des Festlegens zulässiger Abweichungen. Die Konsequenz der Separation ist, daß die wesentlichen Problematiken als Abweichungen vom Normalniveau deutlicher hervortreten, was die Erkennungsleistung des Produktionsplaners in der Grauwertdarstellung der Planungsituation gleichermaßen erhöht wie die des Analyseverfahrens. Es gilt:

Definiere Schwellwert SW.

Setze $\quad \varphi_{r,t} = NN \quad$ für alle $\quad NN - SW < \varphi_{r,t} < NN + SW \quad$ (NN=Normalniveau).

Weiterhin ist eine Normierung der Matrixelemente erforderlich, da eine quantitative Bewertung der Erkennungssicherheit gefordert wurde, für deren Berechnung

---

[1] Vgl. Föllinger (1985), Föllinger (1990), Wagner et. al. (1994).

durch die Normierung eine Basis zur Vergleichbarkeit hergestellt werden muß. Zur Normierung werden die Matrixeinträge durch den absoluten Maximalwert der Matrix geteilt, was einer Abbildung in den Wertebereich [-1;1] entspricht. Es gilt:

$$\tilde{\varphi}_{r,t} = \frac{\varphi_{r,t}}{\max\left|\left(\varphi_{r,t}\right)\right|}$$

Der Mittelwert der Matrixelemente wird subtrahiert, so daß der neue Mittelwert der Matrixelemente gleich Null wird. Es gilt:

$$\tilde{\tilde{\varphi}}_{r,t} = \tilde{\varphi}_{r,t} - \frac{1}{r_{max} * T} \sum_{r=1}^{r_{max}} \sum_{t=t_{min}}^{t_{max}=t_{min}+T-1} \tilde{\varphi}_{r,t}$$

Zum Ausgleich von Kontrastschwankungen[1] ist darüber hinaus eine Normalisierung vorgesehen. Dazu gefordert ist

$$\sum_{r=1}^{r_{max}} \sum_{t=t_{min}}^{t_{max}} \left(\varphi_{r,t}\right)^2 = 1 \quad ,$$

was durch folgende Transformation erreicht wird:

$$\tilde{\varphi}_{r,t} = \frac{\varphi_{r,t}}{\sqrt{\sum_{r=1}^{r_{max}} \sum_{t=t_{min}}^{t=t_{max}} \left(\varphi_{r,t}\right)^2}}$$

In Kapitel 6.2 wurde ausgesagt, daß die Lage einer Gestaltklasse entweder eindeutig oder als begrenztes Intervall definiert und damit problemklassenbestimmend, oder daß sie beliebig sein kann. Dadurch besteht die Anforderung, daß das Mustererkennungsverfahren eine Klassifikation einer Planungssituation durchführen muß, in der an beliebiger Stelle Gestaltklassen auftreten. Die zu erkennenden Problemklassen weisen ebenfalls möglicherweise an beliebiger Stelle diese Gestaltklasse auf. Die daraus resultierende Klassifikationsaufgabe ist nur dann effizient lösbar, wenn die Aufgabe der Erkennung von Problemklassen in die Erken-

---

[1] Vgl. Jähne (1993) S. 9.

nung von Gestaltklassen GK und die Erkennung der Lageklassen LK aufgespalten wird. Dieser Weg wird im Rahmen dieser Arbeit daher beschritten. Dadurch wird auch begründet, warum bei der Modellierung der möglichen Probemanalysen eine Trennung in Gestaltklasse und Lageklasse vorgenommen wurde.

Für das Verfahren zur Gestaltklassenerkennung ist daher eine Invarianztransformation erforderlich, die eine Beschreibung von Mustern unabhängig von ihrer Lage in der Grauwertdarstellung ermöglicht, die also gegenüber horizontalen und vertikalen Translationen von Gestaltklassen invariant ist[1]. Diese Translationsinvarianz wird erreicht, indem man zu Absolutbeträgen im Fourierraum übergeht.[2] Dazu wird (zeilenweise) mit der Mustermatrix eine zweidimensionale diskrete Fouriertransformation (2D-DFT) durchgeführt. Es gilt:

$$F\left[\left(\varphi_{r,t}\right)\right] = \frac{1}{r_{max}*T} \sum_{r=0}^{r_{max}-1} \sum_{t=0}^{T-1} \varphi_{r,t} \exp\left[-i2\pi\left(\frac{k_r*r}{r_{max}} + \frac{k_t*t}{T}\right)\right]$$

$$k_r = 0,1,\dots,r_{max}-1 \quad und \quad k_t = 0,1,\dots,T-1$$

Im Absolutbetrag $\left|F\left[\left(\varphi_{r,t}\right)\right]\right|$ sind abgesehen von der Lageinformation noch alle wesentlichen Informationen über ein Muster enthalten, so daß diese Informationen zur Erkennung von Gestaltklassen in einer Planungssituation herangezogen werden können. Da die Erkennungsleistungen des Analyseverfahrens höher sind, wenn nicht auf den Betrag, sondern das Quadrat des Absolutbetrags zurückgegriffen wird, gilt:[3]

Verwende $\quad \left|F\left[\left(\varphi_{r,t}\right)\right]\right|^2$.

---

[1] Vgl. Jähne (1991) S. 50-72 u. S. 89, Fuchs (1990) S. 58, Wang (1993) S. 456, Haken (1991)). Invariante Transformationen liefern ein Resultat unabhängig von der Position einer Bildstruktur. Da die Definition der Musterklassen in der Skalierung der Planungsinhalte durchgeführt wird, ist keine in der Mustererkennung häufig vorgenommene Skaleninvarianztransformation erforderlich. Da die Gestalt der Musterklassen zudem gezielte problemrelevante Aussagen in Richtung der Ressourcen- und Zeitachse der Grauwertdarstellungen der modellierten Planungsinhalte beinhaltet, ist auch keine Rotationsinvarianztransformation erforderlich.

[2] Vgl. Wang (1993).

[3] Diese Notwendigkeit wurde experimentell im Rahmen der Tests (Kap. 8) abgeleitet.

Ein weiterer Bestandteil der Mustervorverarbeitung besteht aus der Vektorisierung der Mustermatrix. Dazu wird die (r_{max} T)-Mustermatrix $\underline{\underline{MM}}$ durch Hintereinanderhängen der Zeilen in einen ($r_{max}*T$, 1)-Mustervektor $\underline{mv}$ = (φ_j) transformiert.[1]

Zusammengefaßt gilt demnach für die Mustervorverarbeitung, d.h. für die Separation, Normierung, Normalisierung, Invarianztransformation und Vektorisierung, daß mit ihr eine Mustermatrix $\underline{\underline{MM}}$ in einen vorverarbeiteten Mustervektor $\underline{mv}$ transformiert wird. In der Anwendung auf die Planungsmatrix $\underline{\underline{PLM}}$ resultiert ein sogenannter Planungsvektor $\underline{plv}$. In der Anwendung auf eine Problemmustermatrix $\underline{\underline{PRM}}_{p,m}$ resultiert ein Problemmustervektor $\underline{prv}_{p,m}$.

6.3.2 Modell des Lernens von Mustern

Die modellierten Problemklassen stellen problemorientiertes Wissen dar. Die Methode zur Erkennung der Problemklassen muß dieses Wissen zur Problemanalyse anwenden und benötigt eine spezielle Repräsentation dieses Wissens.[2] Dazu wird eine verfahrensinterne Klassenbildung durchgeführt, die auch als Lernen bezeichnet wird. In der Synergetik existieren sogenannte adjungierte Prototypvektoren, die zur verfahrensinternen Repräsentation des Wissens über die Gestaltklassen geeignet sind:[3]

$\underline{pv}_p$ sei ein sogenannter Prototypvektor, der eine Gestaltklasse GK_p repräsentiert. Die Prototypvektoren müssen linear unabhängig sein, was $p_{max} \leq N = r_{max}*T$ erfordert. Es gilt:

$$\text{Prototypvektoren} \quad \underline{pv}_p = (v_{p,1}, ..., v_{p,j}, ..., v_{p,N})$$
$$\text{mit } p = 1,2,....,p_{max} \text{ und } j = 1, 2,...., N = r_{max}*T$$

Die sogenannten adjungierten Prototypvektoren $\underline{apv}_p$ stehen orthogonal zu den Prototypvektoren und sind als Linearkombination aller p_{max}, transponierten Prototypvektoren definiert:

---

[1] Im folgenden stellen kleine unterstrichene Buchstaben Spaltenvektoren dar.

[2] Vgl. Puppe (1990) S. 30.

[3] Die folgende Darstellung orientiert sich an Haken (1979), Haken (1991) S. 37ff.

Adjungierte Prototypen: $\underline{apv}_p = (\mu_{p,1}, \ldots, \mu_{p,j}, \ldots, \mu_{p,N})^T$

mit $p = 1,2,\ldots,p_{max}$, und $j = 1, 2,\ldots, N=r_{max}*T$

Orthogonalitätsbedingung: $\left(\underline{apv}_p * \underline{pv}_{p'}\right) = \delta_{p,p'} = \begin{cases} 1, p = p' \\ 0, p \neq p' \end{cases}$ und

Berechnungsvorschrift: $\underline{apv}_p = \sum_{p'=1}^{p_{max}} a_{p,p'} * \underline{pv}_{p'}^T$

Der Vorgang der Transformation der mit den in Kap. 6.2.1 vorgestellten Konstrukten modellierbaren Gestaltklassen in die adjungierten Prototypvektoren über den Zwischenschritt mit den Prototypvektoren erfolgt wie erwähnt durch Lernen.[1] Dazu wird auf die Menge der Problemmuster PM_p zurückgegriffen. Unter der Annahme, daß für jede Problemklasse zunächst nur ein Problemmuster existiert und dieses mit den Schritten der Mustervorverarbeitung in einen Prototypvektor transformiert wird, stellt die letztgenannte Vorschrift zur Berechnung der adjungierten Prototypvektoren $\underline{apv}$ bereits eine solche Lernvorschrift dar, die im folgenden als Lernvorschrift von HAKEN bezeichnet wird. Die dazu notwendige Berechnung der Parameter $a_{p,p'}$ ist wie folgt möglich:

Die obigen beiden letzten Gleichungen können umgeformt werden zu:

$$\delta_{p,p''} = \sum_{p'=1}^{p_{max}} a_{p,p'} * \underline{pv}_{p'}^T * \underline{pv}_{p''}$$

Die Matrixdarstellung dieser Gleichung lautet

$\underline{I} = \underline{A} * \underline{W}$ mit

Einheitsmatrix: $\underline{I} = (\delta_{p,p''})$ für alle $p,p''=1,2,\ldots,p_{max}$

Matrix der unbekannten
Parameter: $\underline{A} = (a_{p,p''})$ für alle $p,p''=1,2,\ldots,p_{max}$

---

[1] Lernen bedeutet in diesem Zusammenhang auch den Übergang zu einer vereinfachten Darstellung mit reduzierter Dimension.

Matrix der Skalarprodukte

der Prototypvektoren: $\underline{W} = \left(\underline{pv}_{p'}^{T} * \underline{pv}_{p''} \right)$ für alle $p', p'' = 1, 2, \dots p_{max}$

Unter Voraussetzung der linearen Unabhängigkeit der Prototypvektoren ergeben sich die gesuchten Parameter $a_{p,p'}$ direkt aus der Berechnung:

$$\underline{A} = \underline{W}^{-1}.$$

Wie die Lernvorschrift zeigt, ist jeder der adjungierten Prototypvektoren als Linearkombination aller transponierten Prototypvektoren definiert, d.h. jeder adjungierte Prototypvektor enthält Informationen über alle Problemklassen[1]. Daraus resultiert der entscheidende Vorteil der synergetischen Algorithmen, daß eine selbständige Klassenbildung vorgenommen wird, indem Musterinhalte, die nur in einem Prototypvektor vorkommen, als Unterscheidungsmerkmal angesehen und verstärkt werden, hingegen Musterinhalte, die in mehreren oder allen Prototypvektoren vorkommen, abgeschwächt werden, da sie keinen Beitrag zur Unterscheidung der Klassen liefern können (Bild 6.3-1).[2] Zur Berechnung der adjungierten Prototypvektoren bedarf es weder verfahrensseitiger problemabhängiger Anpassungen in Abhängigkeit der Problemklassen noch jedweder manueller Eingriffe des Produktionsplaners. Damit ist die geforderte Problemunabhängigkeit des Verfahrens gewährleistet.

Die Modellierung der Problemklassen erfolgte über Parameter mit Intervallen als Wertebereich, so daß die konkrete Gestalt eines expliziten Problemmusters einer Problemklasse sehr unterschiedlich sein kann. Daher existieren verschiedene Problemmustermatrizen. Basiert nun der Aufbau der adjungierten Prototypvektoren nur auf jeweils einem Vertreter je Problemklasse, so ist mit unbefriedigenden Klassifikationsergebnissen zu rechnen. Daher muß eine größere Zahl Problemmuster je Problemklasse zur Prototypgenerierung eingesetzt werden. Gesucht ist demnach allgemein eine Abbildung ZL, die das Lernen ausgehend von den Problemmustervektoren prv leistet. Sei PRV die Menge aller prv.

---

[1]   Vgl. Boebel et al. (1991) S. 7, Frischholz et al. (1994) S. 102.

[2]   Dies entspricht einer problemunabhängigen, vom Analyseverfahren selbsttätig durchgeführten Merkmalsextraktion (vgl. Frischholz (1994) S. 100).

$$\text{Lernen ZL:} \quad \{PRV\} \;\rightarrow\; \left(\Re^{r_{max}*T}\right)^{p_{max}}$$

$$PRV \;\rightarrow\; \left(\underline{apv}_1, \dots, \underline{apv}_{p_{max}}\right)$$

Für eine derartige Abbildung stehen in der Literatur verschiedene Lernverfahren zur Verfügung. Da im vorliegenden Fall die Problemmuster mit ihrer Klassenzugehörigkeit bekannt sind, werden Verfahren mit überwachtem Lernen eingesetzt.

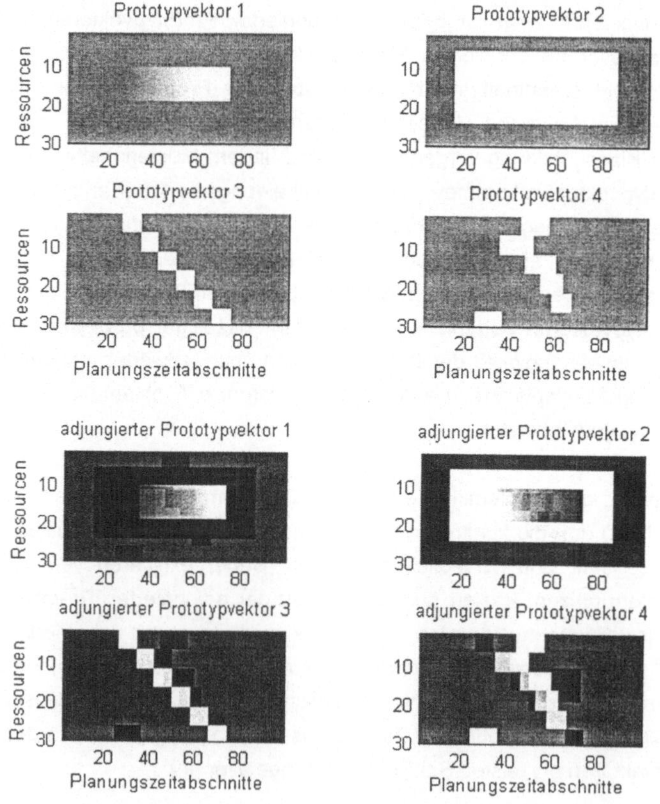

Bild 6.3-1:   Beispiele für Prototypvektoren und adjungierte Prototypvektoren

Beim sogenannten SCAP-Verfahren[1] werden die Prototypvektoren durch Mittelung aller Problemmustervektoren einer Problemklasse gewonnen. Die Berechnung der adjungierten Prototypvektoren erfolgt dann ausgehend von den Prototypvektoren wie oben beschrieben. Das SCAPAL-Lernverfahren[2] funktioniert zunächst wie das SCAP-Verfahren, es wird jedoch anschließend ein Erkennungstest mit den Problemmustern durchgeführt. Falsch klassifizierte Problemmuster werden zum Nachlernen eingesetzt. Ziel ist dabei eine Minimierung der Fehlerrate durch Variation von Gewichtungsfaktoren. Das SC-MELT-Verfahren[3] schließlich hat zum Ziel, Informationsverlust, der beim SCAP-Verfahren durch die Mittelung der Problemmustervektoren entstehen kann, zu vermeiden. Voraussetzung ist jedoch, daß alle Problemmustervektoren voneinander linear unabhängig sein müssen, was durch einen hochdimensionalen Mustervektorraum oft erreicht wird, aufgrund der anwendungsspezifischen Modellierung der Problemklassen jedoch nicht immer vorausgesetzt werden kann. Dieses Verfahren ist demnach ungeeignet für den vorliegenden Untersuchungsbereich.

Das SCAP-Verfahren erfordert die unten aufgeführte Berechnungsvorschrift, für die Darstellung des SCAPAL-Verfahren wird auf WAGNER[4] verwiesen:

Angenommen wird, daß $\underline{prv}_{p,m}$ mit $m = 1,2,...,\ m_{max}(p)$ verschiedenen Problemmustervektoren einer Problemklasse zur Verfügung stehen. Dann gilt für die Berechnung der Prototypvektoren die Mittelung

$$\underline{pv}_p = \frac{1}{m_{max}(p)} \sum_{m=1}^{m_{max}(p)} \underline{prv}_{p,m}$$

Die Berechnung der adjungierten Prototypen erfolgt dann wie oben angegeben.

---

[1] Vgl. Frischholz et al. (1994) S. 103.

[2] Vgl. Wagner et al. (1994) S. 1318.

[3] Dazu werden direkt aus den Problemmustervektoren die adjungierten Prototypvektoren berechnet (vgl. Wagner et al. (1994) S. 1317).

[4] Vgl. Wagner et al. (1994) S. 1318.

6.3.3 Modell des Erkennens von Mustern

Hauptaufgabe des Verfahrens zur Problemanalyse ist die Erkennung der Problemklassen durch Klassifikation. In Kapitel 6.3.2 wurde als Eigenschaft der Synergetik die lineare Unabhängigkeit der Prototypvektoren gefordert. Der Weg zur ihrer Berechnung zeigt, daß auch die Problemmustervektoren selbst linear unabhängig sein müssen.[1] Daraus ergibt sich, daß nicht zwischen Problemklassen unterschieden werden kann, die sich nur durch intensitätsbestimmende Parameter unterscheiden. Insgesamt unterteilt sich die Mustererkennung in die Schritte:

- Gestaltklassenerkennung und
- Lageklassenerkennung.

Die Gestaltklassenerkennung erfolgt mit synergetischer Mustererkennung. Die adjungierten Prototypvektoren stellen die durch Lernen aufgebaute Wissensbasis der synergetischen Mustererkennung dar, mit der ein unbekanntes Datenmuster der Planungssituation (Planungsmuster <u>PLM</u>) klassifiziert werden kann. Die Erkennung solcher Muster auf Basis synergetischer Algorithmen erfolgt derart, daß das Planungsmuster durch einen dynamischen Prozeß in die ihm ähnlichste Gestaltklasse überführt wird. Dabei handelt es sich genau genommen um eine Mustererkennung durch Musterbildung, einem wesentlichen Grundprinzip der Synergetik[2]. Für die Analyse von Problemen der Ressourcenabstimmung ist im Gegensatz zu den meisten Anwendungen der Synergetik die Dynamik des eigentlichen Erkennungsprozesses (dem sog. Selbstorganisationsprozeß) weniger von Interesse als dessen Ergebnis. Durch synergetische Algorithmen kann eine Ausgangslösung für den Erkennungsprozeß erzeugt werden, welche aufgrund des sogenannten "Winner-takes-it-all"-Prinzips der Erkennungsdynamik bereits das volle Klassifikationsergebnis beinhaltet.[3] Dadurch kann insgesamt auf eine Betrachtung der Erkennungsdynamik selbst verzichtet werden.

---

[1] In besonderen Fällen kann es vorkommen, daß lineare Unabhängigkeit der Muster gegeben ist, jedoch im Fourierraum nach der Tranformation lineare Abhängigkeit entsteht.

[2] Vgl. Haken (1988) S. 5.

[3] Das Winner-takes-it-all-Prinzip führt zu einem Verstärken der Ausgangslösung mit dem größten Ordnungsparameterwert, während alle anderen abgeschwächt werden (vgl. Schramm et al. (1994) S. 16.

Eine weitere Eigenschaft der synergetischen Algorithmen ist von sehr hoher Relevanz für die Problemanalyse der Ressourcenabstimmungsplanung. Aufgrund des sogenannten Versklavungsprinzips[1] kann sich die Betrachtung auf wenige Moden (Amplituden), die tatsächlich für ein Muster charakteristisch sind, reduzieren. Dazu werden sogenannte Ordnungsparameter eingeführt. $\underline{plv}$ ist der Vektor des zu analysierenden Planungsmusters. Dann ist ein Ordnungsparameter ξ_p definiert als

$$\xi_p = (\underline{apv}_p * \underline{plv}).$$

Sei $\underline{APV}$ eine Matrix, in der die adjungierten Prototypvektoren zeilenweise eingetragen sind und $\underline{\xi}$ der Vektor der Ordnungsparameter. Dann gilt insgesamt

$$\underline{\xi} = \underline{APV} * \underline{plv} \qquad \text{bzw. ausführlich}$$

$$\begin{bmatrix} \xi_1 \\ \cdots \\ \xi_{p_{max}} \end{bmatrix} = \begin{bmatrix} \mu_{1,1} & \cdots & \mu_{1,N} \\ \cdots & \cdots & \cdots \\ \mu_{p_{max},1} & \cdots & \mu_{p_{max},N} \end{bmatrix} * \begin{bmatrix} \gamma_1 \\ \cdots \\ \gamma_N \end{bmatrix}.$$

Die Zahl der hier zu berechnenden Skalarprodukte entspricht nur noch der Zahl p_{max} der Gestaltklassen. Dies ist eine entscheidene Vereinfachung, da obige Gleichung bereits die Klassifikationsvorschrift der synergetischen Mustererkennung darstellt. Die Ordnungsparameter als Skalarprodukt von zu erkennendem Planungsmuster und adjungierten Prototypvektoren stellen ein Maß für die Ähnlichkeit des Planungsmusters mit jeder modellierten Gestaltklasse dar. Für ein $\xi_{p'} = 1$ gilt, daß die Gestaltklasse $GK_{p'}$ im Planungsmuster erkannt wurde. Gilt $\xi_{p'} = 1 \wedge \xi_{p''} = 1$, so sind ensprechend die Gestaltklassen $GK_{p'}$ und $GK_{p''}$ erkannt worden. Damit ist die Forderung nach Mehrfachklassifikation, d.h. der Erkennung von mehreren gleichzeitig vorliegenden Klassen, erfüllt. In der Mustererkennung spricht man in diesem Zusammenhang auch von der Erkennung von Szenen.

Da die Gestaltklassen als Intervall parametriert sind, in der Praxis Verzerrungen und Verrauschungen gegenüber der idealisierten Modellierung auftreten und zudem die Datenqualität z.B. im Sinne von Vollständigkeit nicht garantiert ist, erge-

---

ben sich Ordnungsparameterwerte in der Regel von $\xi_p < 1$. Da die Planungsmuster meist auch eine zumindenst geringe Ähnlichkeit mit jeder Gestaltklasse haben, liegen demzufolge alle ξ_p Werte zwischen 0 und 1.[1] Daher wird ein Mindestwert für ξ benötigt, oberhalb der eine fehlerfreie Klassifikation von der Analysemethode garantiert werden kann. In der Mustererkennung wird dieser Mindestwert auch als Rückweisungsschwelle bezeichnet.[2]

Rückweisungsschwellen sind bei den meisten Analysemethoden problemabhängig und müssen durch einen aufwendigen 'Trial and Error'-Prozeß bestimmt werden.[3] Ein großer Vorteil der synergetischen Mustererkennung ist die Tatsache, daß eine ideale, d.h. minimale Rückweisungsschwelle analytisch bestimmt werden kann. Sie berechnet sich unter Verwendung der beiden adjungierten Prototypvektoren, die die größten Ordnungsparameterwerte aufweisen, nach der Formel:[4]

$$\text{Ideale Rückweisungsschwelle:} \quad \eta_{p'p''}^{\text{Rück}} \leq \frac{1}{\sqrt{2\left(1 + \left(\underline{apv}_{p'}^{T}\, \underline{apv}_{p''}\right)\right)}}$$

Es existiert darüber hinaus sogar eine problemneutrale Schwelle, ab der die richtige Zuordnung stets garantiert ist:[5]

$$\text{Problemneutrale Rückweisungsschwelle:} \quad \eta^{\text{Rück}} \leq \frac{1}{\sqrt{2}} \approx 0{,}71$$

Für die Gestaltklassenerkennung gilt daher:

$$\xi_p \begin{cases} > \eta^{\text{Rück}} \rightarrow \text{Gestaltklasse } GK_p \text{ sicher erkannt} \\ \leq \eta^{\text{Rück}} \rightarrow \text{Gestaltklasse } GK_p \text{ nicht sicher erkannt} \end{cases}$$

---

[1] Das Analyseverfahren betrachtet daher alle Problemklassen als konkurrierende Analysen, zwischen denen mit den Ordnungsparameterwerten unterschieden wird (vgl. Puppe (1990) S. 49).

[2] Rückweisung bedeutet, daß ein Klassifikationsverfahren die Glaubwürdigkeit der Erkennung prüft und ggfs. eine Entscheidung für eine Erkennung vollständig verweigert (vgl. Schürmann (1994) S. 26f). Eine derartige Verweigerung ist für viele Anwendungsfälle überzogen (vgl. Schürmann (1994) S. 140).

[3] Vgl. Schürmann (1994) S. 129-141, Boebel et al. (1994) S. 48.

[4] Vgl. Boebel et al. (1994) S. 49.

[5] Vgl. Boebel et al. (1994) S. 49.

Die Formulierung dieser Erkennungsbedingung bei Verwendung der idealen Rückweisungsschwelle lautet analog dazu. Die Ordnungsparameterwerte in Relation zur Rückweisungsschwelle stellen zugleich das geforderte quantitative Maß zur Bewertung der Sicherheit der Klassifikation dar.

Zwischen Gestaltklassen mit verschiedener Lageklasse kann die synergetische Mustererkennung selbst nicht unterscheiden, so daß die Lageerkennung gesondert erfolgt. Die Verwendung des Betrags (genauer: des Quadrat des Betrags) der Fouriertransformation wurde oben gewählt, da dieser lageinvariant ist. Dementsprechend sind die Lageinformationen in den Phasen der Fouriertransformierten enthalten.[1] Daher werden die Phasen des fouriertransformierten Planungsvektors einbezogen und die Korrelation KF mit dem Prototypvektor der erkannten Gestaltklasse gebildet[2]. Aufgrund der aufwendigen Faltungsoperation erfolgt die Berechnung im Frequenzraum der Fouriertransformation mit anschließender Rücktransformation.[3] Es gilt:

$$\underline{KF}\left(r_0,t_0\right) = F^{-1}\left\{\underline{PV}^{p^*}\left(k_r,k_t\right) * \left|\underline{PLV}\left(k_r,k_t\right)\right| * exp\left[-i\left(k_r\left(r+r_0\right)+k_t\left(t+t_0\right)\right)\right]\right\}$$

mit $\quad \underline{PV}^{p^*}\qquad$ Konjugiert komplexer, fouriertransformierter Prototypvektor der erkannten Gestaltklasse GK_p in Matrixschreibweise

$\quad \underline{PLV}(k_r,k_t)\qquad$ Fouriertransformierter Planungsvektor in Matrixschreibweise

$\quad F^{-1}\qquad$ Zweidimensionale inverse diskrete Fouriertransformation (2DIDFT).

Das absolute Maximum der Korrelationsmatrix $\underline{KF}(r_0,t_0)$ entspricht den ressourcen- und zeitbezogenen Koordinaten der erkannten Lage L_p der erkannten Gestaltklasse GK_p im Grauwertbild. Es gilt:[4]

$$L_p = \left(LR_p, LT_p\right) := max\left(\underline{KF}\left(r_0,t_0\right)\right) \qquad mit\ LR_p \in R,\ LT_u \in PZR$$

---

[1] Zur Begründung vgl. Jähne (1991) S. 59.

[2] Vgl. Fuchs (1990) S. 47f.

[3] Vgl. Föllinger (1990) S. 65f.

[4] Das Maximum ist über die Einträge der Matrix zu bilden.

Eine Lageklasse gilt als erkannt, wenn die Parameterwerte der erkannten Lage innerhalb der für eine Lageklasse festgelegten Intervallgrenzen liegen.

Zusammenfassend kann festgehalten werden, daß die Analyse von Problemen der Ressourcenabstimmung hinsichtlich Modellierung und Erkennung von Problemklassen aufgespalten wurde in Gestaltproblematik und Lageproblematik. Die komplexe Gestaltklassenerkennung wurde methodisch auf Basis synergetischer Mustererkennung, die Lageklassenerkennung auf Basis einer Korrelationsfunktion modelliert. Das Modell der Analysemethodik ist damit vollständig beschrieben.

7 Verfahrensablauf der Problemanalyse

Nachdem im vorangegangenen Kapitel die Verfahrensbausteine in Form von Einzelmodellen entwickelt wurden, werden in diesem Kapitel diese Bausteine in einen abgestimmten Gesamtablauf der Problemanalyse integriert. Der Gesamtverfahrensablauf gliedert sich in die Phase der Vorbereitung und die Phase der Anwendung.

Die Vorbereitungsphase (Kap 7.1) umfaßt die Modellierung der anwendungsspezifischen Planungsinhalte und der Problemklassen durch den Produktionsplaner sowie die Verarbeitungsschritte zur verfahrensinternen Abbildung der Problemklassen. Die Vorbereitung des Verfahrens beinhaltet damit sowohl die erstmalige Modellierung als auch die laufende Anpassung des Verfahrens an veränderte Planungsinhalte oder Problemklassen. Die Phase der Anwendung (Kap 7.2) umfaßt das Generieren eines zu analysierenden Planungsmusters und die Mustererkennungsschritte der Problemanalyse. Diese Anwendung des Verfahrens ist ereignisorientiert oder kurzzyklisch vorgesehen.

7.1 Verfahrensablauf zur Vorbereitung der Problemanalyse

Der Gesamtablauf der Vorbereitungsphase ist in Bild 7.1-1 dargestellt und wird im folgenden detaillierter beschrieben. Als Ergebnis dieser Phase liegt die Wissensbasis der Problemanalyse in Form der adjungierten Prototypvektoren vor.

7.1.1 Bestimmen der Planungsinhalte

Der Untersuchungsbereich dieser Arbeit bezieht alle Planungsstufen und Fristigkeiten von Ressourcenabstimmungsplanungen ein. Die Modellierung der anwendungsspezifischen Planungsinhalte umfaßt daher die zu analysierenden Ressourcen, Zeiträume und Planungsattribute. Den Verfahrenablauf dazu zeigt Bild 7.1-2.

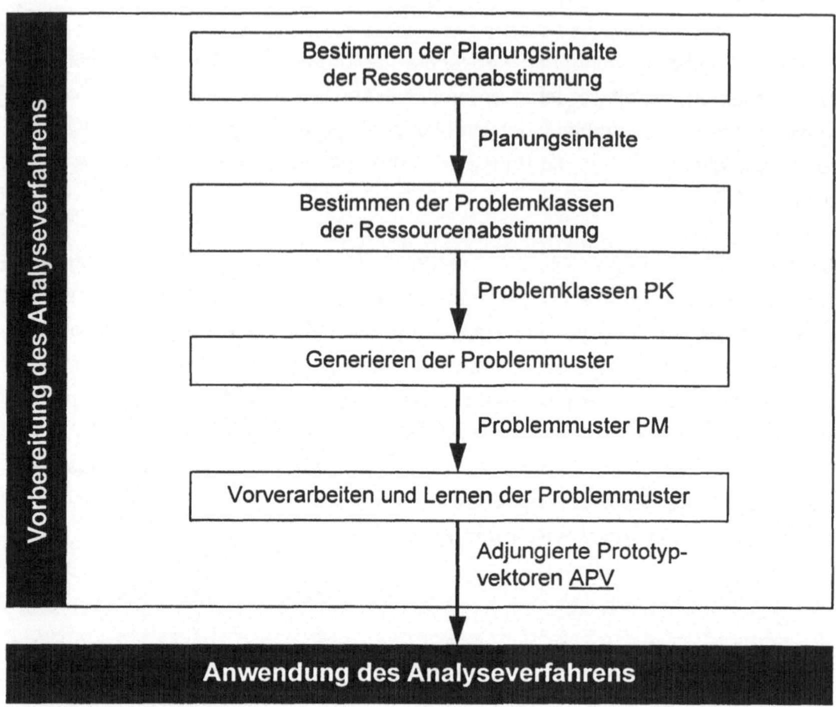

Bild 7.1-1:   Verfahrensablauf zur Vorbereitung des Analyseverfahrens

Zunächst ist eine Entscheidung bezüglich des für die Problemanalyse optimalen Kriteriums zur Ressourcengliederung, d.h. für eine funktions-, erzeugnis(struktur)- oder verantwortungsbereichsorientierte Strukturierung zu treffen. Die Festlegung der für die Problemanalyse optimalen Ressourcenstruktur umfaßt darüber hinaus die ressourcenbezogene Detaillierung der Analyse, die Ressourcenreihenfolge für einen zeilenweise Aufbau der Grauwertdarstellungen und die Zuordnung der ausgewählten Einzelressourcen.

Eine weitere Festlegung ist bezüglich des Planungsattributs, d.h. Ressourcenbedarf, Ressourcenangebot oder Ressourcenbedarfsdeckung erforderlich. Während die Wahl des Ressourcenbedarfs hauptsächlich auf den Aufbau von Wissen über das Verhalten des Produktionsumfelds gerichtet ist, lenkt die Wahl des Ressourcenenangebots die Analyse auf das interne Ressourcenverhalten. Die Ressour-

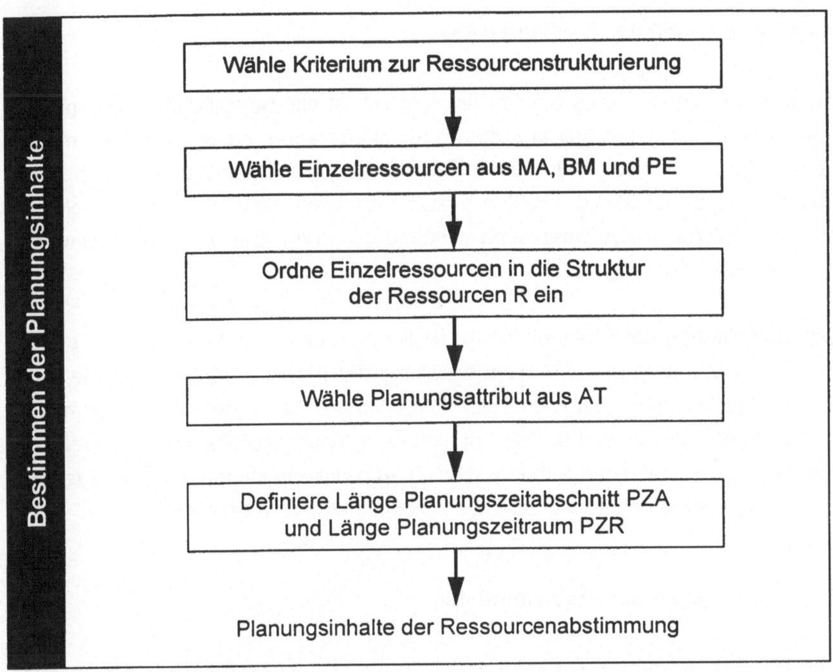

Bild 7.1-2:   Verfahrensablauf zur Bestimmung der Planungsinhalte

cenbedarfsdeckung schließlich beinhaltet die für die Ressourcenabstimmungsplanung problemrelevantesten Informationen. Insofern wird dieses Planungsattribut
das überwiegend zu wählende sein.

Im letzten Verfahrensschritt wird das Zeitmodell anwendungsspezifisch parametriert. Über die Festlegung der Länge der Planungszeitabschnitte definiert der
Produktionsplaner den zeitlichen Detaillierungsgrad der Analyse, über die Definition des Planungszeitraums den Horizont der Analyse.

Soll eine Dekomposition der Gesamtanalyse in Teilanalysen durchgeführt werden,
können mehrfach Planungsinhalte mit jeweils getrennten Grauwertdarstellungen
modelliert werden (im folgenden nicht weiter ausgeführt).

7.1.2 Bestimmen der Problemklassen

Aufgabe des Bestimmens der Problemklassen ist die Modellierung des problemorientierten Informationsbedarfs des Produktionsplaners bezogen auf die modellierten Planungsinhalte. Dies führt zur Definition von Problemklassen, die beliebig
objektive und subjektive Probleme sowie problemorientierte oder problemlösungsorientierte Analyseinteressen verkörpern können. Der Verfahrensablauf dazu ist in Bild 7.1-3 dargestellt.

Die Modellierung der Problemklassen beginnt mit einer Gestaltklasse, die ausgehend vom Ursprung der Grauwertdarstellung der Planungsinhalte zu modellieren
ist. Der Produktionsplaner ordnet den Zeitreihen nacheinander einen oder mehrere Zeitreihentypen zu und definiert die Intervallgrenzen der Parameter dieser Zeitreihentypen. Im nächsten Schritt wird die Lageklasse bestimmt, die entweder eindeutig, als konkretes Intervall oder als beliebig definiert werden kann.

7.1.3 Generieren der Problemmuster

Zur verfahrensinternen Weiterverarbeitung der Problemklassen sowie zu ihrer
bildlichen Darstellung sind explizite Problemmuster als Vertreter dieser Klassen
erforderlich. Das Generieren dieser Problemmuster erfolgt durch systematisches
Erzeugen konkreter Parameterwerte innerhalb der Intervallgrenzen der Zeitrei-
henparameter und durch anschließende Berechnung der Matrizen anhand der
Funktionsausdrücke der Zeitreihentypen (Bild 7.1-4). Die für optimale Klassifikationsergebnisse benötigte Zahl der Problemmuster zum Lernen steigt mit der
Größe der Parameterintervalle und der Ähnlichkeit der Gestaltklassen. Bei der
Generierung von Parameterwerten wird auch deutlich, warum aus der scharfen
Parametrierung der Zeitreihentypen höhere Anforderungen resultieren als aus
einer unscharfen. Bei der scharfen Parametrierung liegen die Parameterwerte
gleichmäßig verteilt im Intervall, bei Fuzzy Sets würde man die Zugehörigkeits-
funktion als Modell einer Verteilungsfunktion verwenden, was zu einer Konzentration von Werten innerhalb des Intervalls und damit zu einer größeren Ähnlichkeit
der zum Lernen verwendeten Problemmuster führen würde.

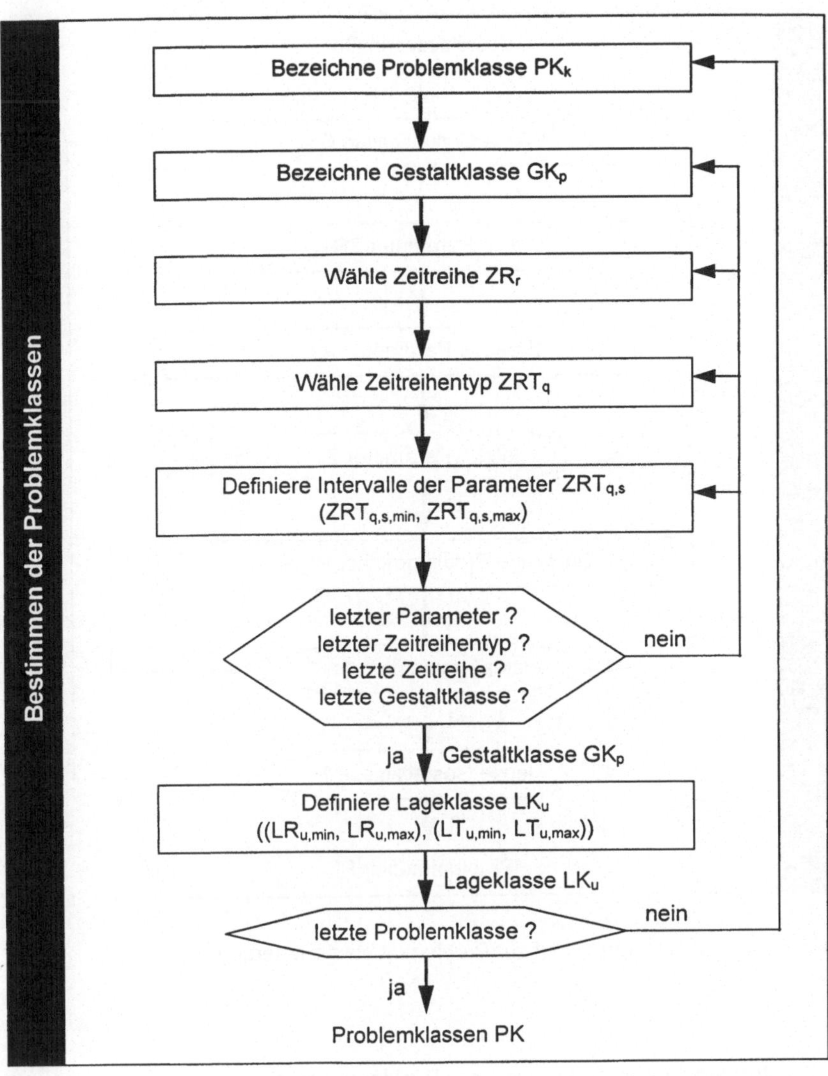

Bild 7.1-3:   Verfahrensablauf zur Bestimmung der Problemklassen

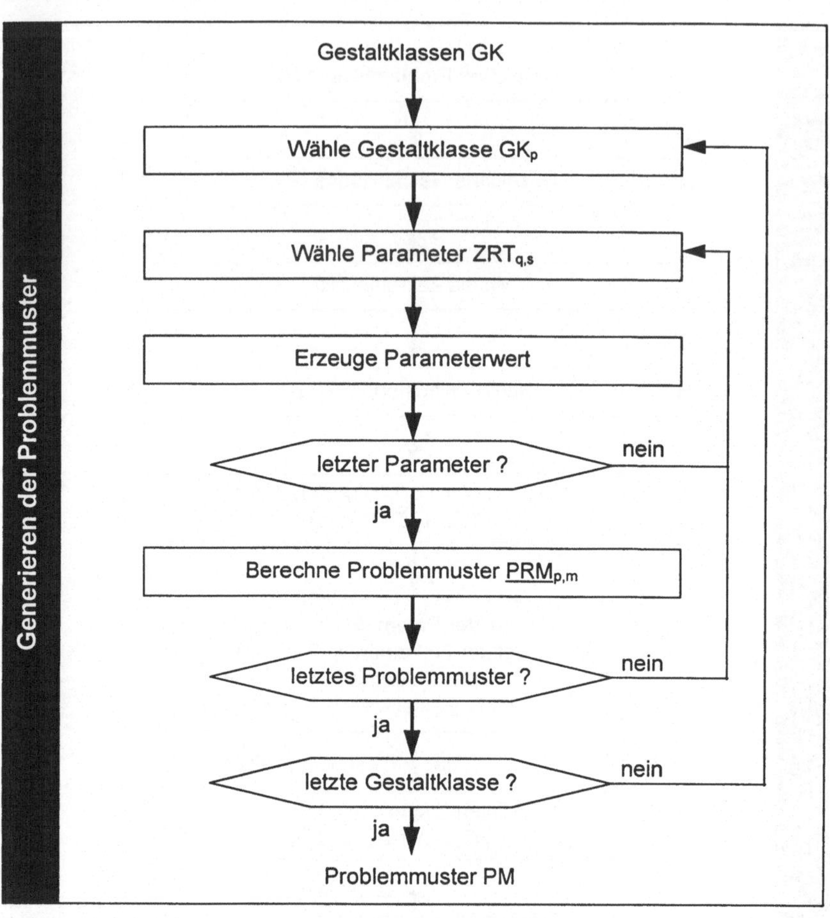

Bild 7.1-4:   Verfahrensablauf zur Problemmustergenerierung

7.1.4 Vorverarbeiten und Lernen der Problemmuster

Auf Basis der Problemmuster kann im folgenden Schritt die Wissensbasis des Analyseverfahrens durch Lernen aufgebaut werden. Bild 7.1-5 zeigt die Abfolge der Schritte der Mustervorverarbeitung und das anschließende Berechnen der adjungierten Prototypvektoren. Im Bild ist der Ablauf für das SCAP-Verfahren mit

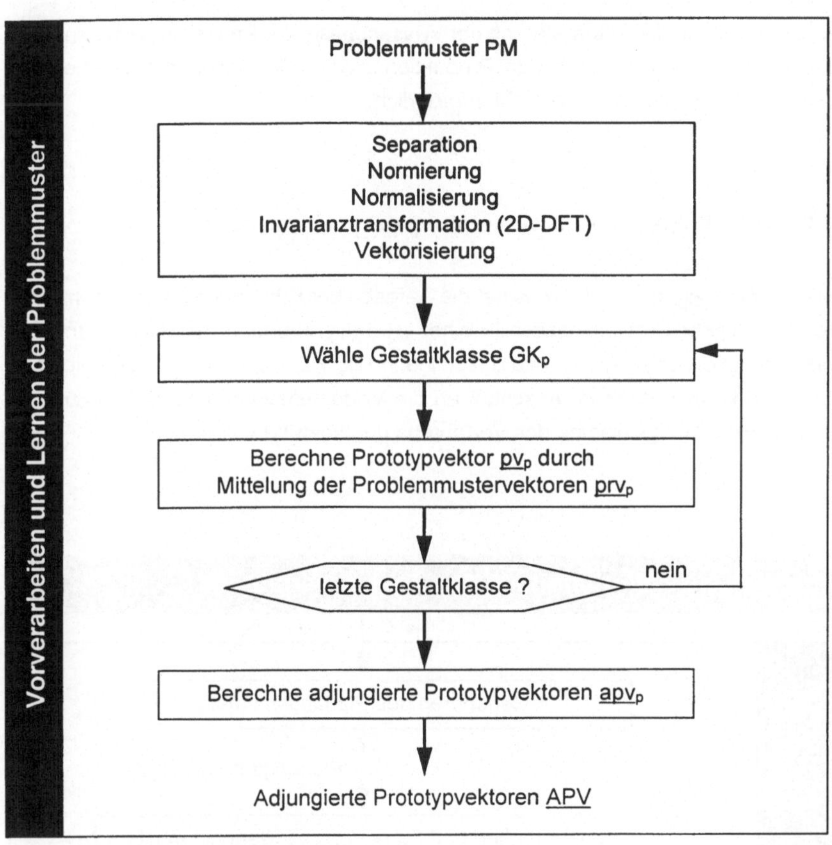

Bild 7.1-5:   Verfahrensablauf zum Vorverarbeiten und Lernen der Problemuster

dem Zwischenschritt der Prototypvektorberechnung anhand der Mittelung der Problemmustervektoren dargestellt.

Nach Durchführung der unter 7.1 insgesamt erläuterten Verfahrensschritte ist das Analyseverfahren prinzipiell einsatzbereit. Bei Veränderungen der Planungsinhalte und der Problemklassen müssen die adjungierten Prototypen neu berechnet werden, wobei das Erzeugen und Lernen der Problemmuster selbsttätig erfolgt.[1] Für

---

[1]   Dies ist ein verfahrensimmanenter Nachteil gegenüber wissensbasierten Analyseverfahren, der jedoch für den Untersuchungsbereich dieser Arbeit keine Einschränkung hinsichtlich der parktischen Anwendung darstellt.

den Aufbau und die Aktualisierung der Wissensbasis der Problemanalyse entsteht demnach kein Aufwand für den Produktionsplaner. Spezialkenntnisse über das Lernverfahren sind ebenfalls nicht erforderlich.

7.2 Verfahrensablauf zur Anwendung der Problemanalyse

Die Anwendung des Verfahrens hat die Aufgabe der Erkennung einer oder mehrerer modellierter Problemklassen in einer zu analysierenden, aktuellen Planungssituation. Die Verfahrensschritte dazu sind in Bild 7.2-1 benannt. Mit den gleichen Schritten können auch im Anschluß an die Verfahrensvorbereitung Tests bezüglich der Erkennungsleistung des Verfahrens durchgeführt werden.

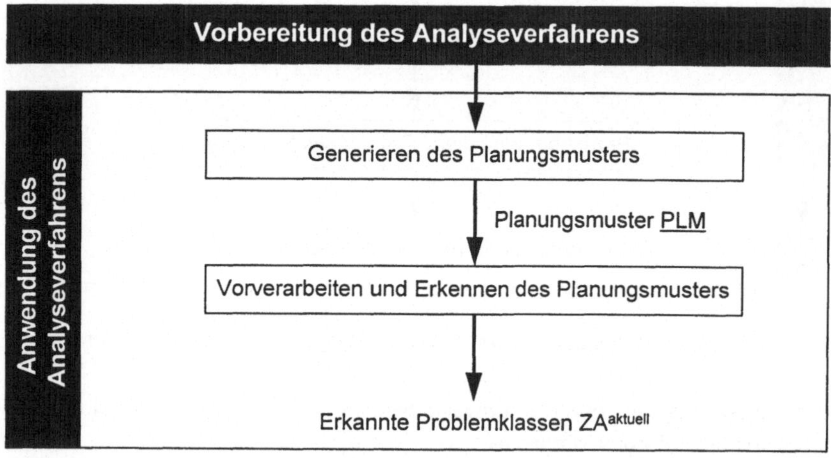

Bild 7.2-1:   Verfahrensablauf zur Anwendung des Analyseverfahrens

7.2.1 Generieren des Planungsmusters

Das Generieren des Planungsmusters erfordert eine Positionierung des modellierten Planungszeitraums zum Betriebskalender des Unternehmens. Grundlage dafür ist die im Modell der Planungsinhalte definierte Gesamtlänge und Detaillierung des Planungszeitraums. Kriterien zur Positionierung des Planungszeitraums sind die Analyseabsicht, die aktuelle Verfügbarkeit von Informationen und ihre voraussichtliche Gewißheit. Nach Übernahme der Werte der Planungsattribute aus den betrieblichen Informationsversorgungsinstrumenten erfolgt eine Berechnung des Planungsmusters in der durch die modellierten Planungsinhalte vorgegebenen Ressourcen- und Zeitdetaillierung (Bild 7.2-2).

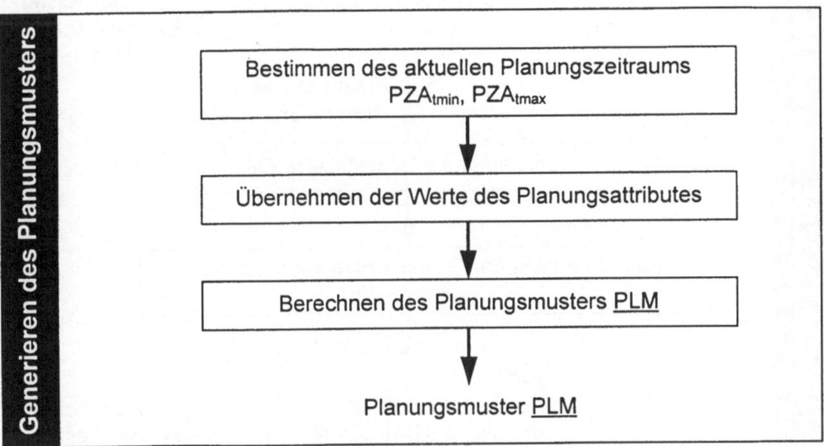

Bild 7.2-2:   Verfahrensablauf zur Planungsmustergenerierung

7.2.2 Vorverarbeiten und Erkennen des Planungsmusters

Die Erkennung von Problemklassen in einem generierten Planungsmuster ist die Kernaufgabe der Problemanalyse. Der Verfahrensablauf dazu umfaßt die Schritte Mustervorverarbeitung, Gestaltklassenerkennung, Lageerkennung und Synthese zur Problemklassenerkennung (Bild 7.2-3).

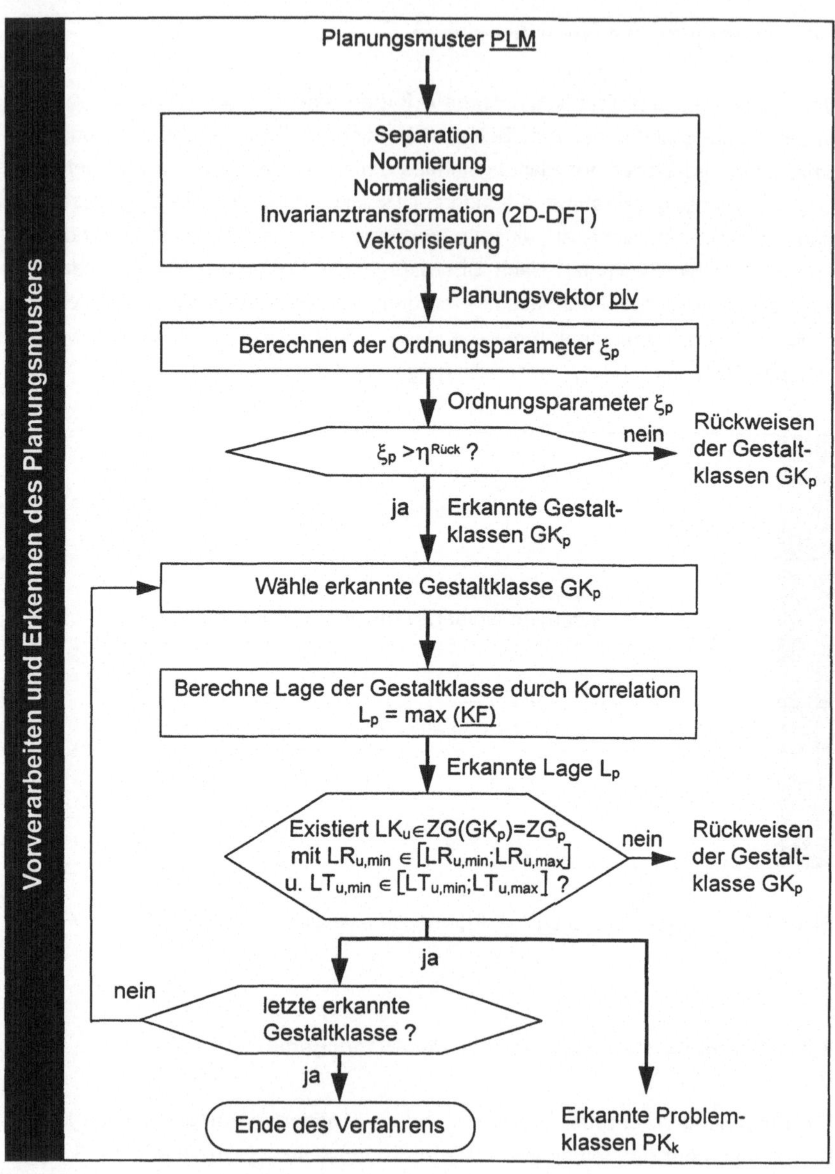

Bild 7.2-3: Verfahrensablauf zur Vorverarbeitung und Erkennung des Planungsmusters

Mit dem durch die Mustervorverarbeitung erzeugten Planungsvektor wird das Skalarprodukt mit der Wissensbasis der Analyse, also der Matrix der adjungierten Prototypvektoren, gebildet. Ergebnis sind die Ordnungsparameter. Hat der Ordnungsparameter einer Gestaltklasse einen Wert, der größer als die Rückweisungsschwelle ist, gilt diese Gestaltklasse als sicher erkannt. Die übrigen Gestaltklassen werden zurückgewiesen, aber mit ihren Ordnungsparameterwerten zu Information an den Produktionsplaner aufgelistet. Der Grund dafür ist, daß für jedes $\xi_p > 0$ zumindest eine Ähnlichkeit zwischen dem Planungsmuster und einer modellierten Gestaltklasse Gk_p festgestellt wurde. Die Auflistung beinhaltet dementsprechend einerseits Hinweise auf das Vorliegen von Problemen der Ressourcenabstimmung, die zu den modellierten Problemklassen ähnlich sind. Andererseits stellen die aufgelisteten Gestaltklassen Verdachtshypothesen dafür dar, daß modellierte Gestaltklassen trotz ihres niedrigen Ordnungsparameterwertes im Planungsmuster enthalten sind.[1] Letztlich muß in jeder anwendungsbezogenen Realisierung des Analyseverfahrens entschieden werden, welcher Nutzen mit diesen Analyseinformationen für den Produktionsplaner verbunden ist.

Die Lageerkennung gewinnt für die erkannten Gestaltklassen nacheinander anhand der Korrelation die Lageinformation bezüglich Zeit und betroffener Ressourcen. Die Lage drückt sich aus in der horizontalen (zeitlichen) und vertikalen (ressourcenbezogenen) Verschiebung vom Ursprung der Grauwertdarstellung der modellierten Planungsinhalte. Durch Vergleich der über Korrelation gewonnenen Lageinformation L_p mit den für diese Gestaltklasse modellierten Lageklassen, kann eine Problemklasse $PK_k = (GK_p, LK_u)$ erkannt werden. Ist die gewonnene Lageinformation L_p nicht Element einer modellierten Lageklasse, wird die Gestaltklasse als nicht von Analyseinteresse zurückgewiesen, obwohl sie in der Planungssituation erkannt wurde. Dies ergibt sich daraus, daß eine Gestaltklasse nur in Verbindung mit einer Lageklasse eine Problemklasse vollständig beschreibt.

Die Lageinformation L_p wird für erkannte Problemklassen zusätzlich als Ergebnis der Problemanalyse ausgewiesen, um Ort und Zeitpunkt des erkannten Problems genau zu beschreiben.

---

[1] Dies gilt vor allem für Ordnungsparameterwerte, die nur geringfügig kleiner als die problemneutrale Rückweisungsschwelle sind.

7.3 Gesamtablauf des Verfahrens

Der Gesamtablauf des entwickelten Verfahrens zur Analyse von Problemen der Ressourcenabstimmung einschließlich der Interaktionen mit dem Produktionsplaner und den betrieblichen informationsversorgenden Instrumenten ist in Bild 7.3-1 zusammengefaßt dargestellt.

Das Ergebnis des Verfahrens zur Problemanalyse ist beispielhaft in Bild 7.3-2 dargestellt. Für ein angebotenes Planungsmuster werden eine oder mehrere er-

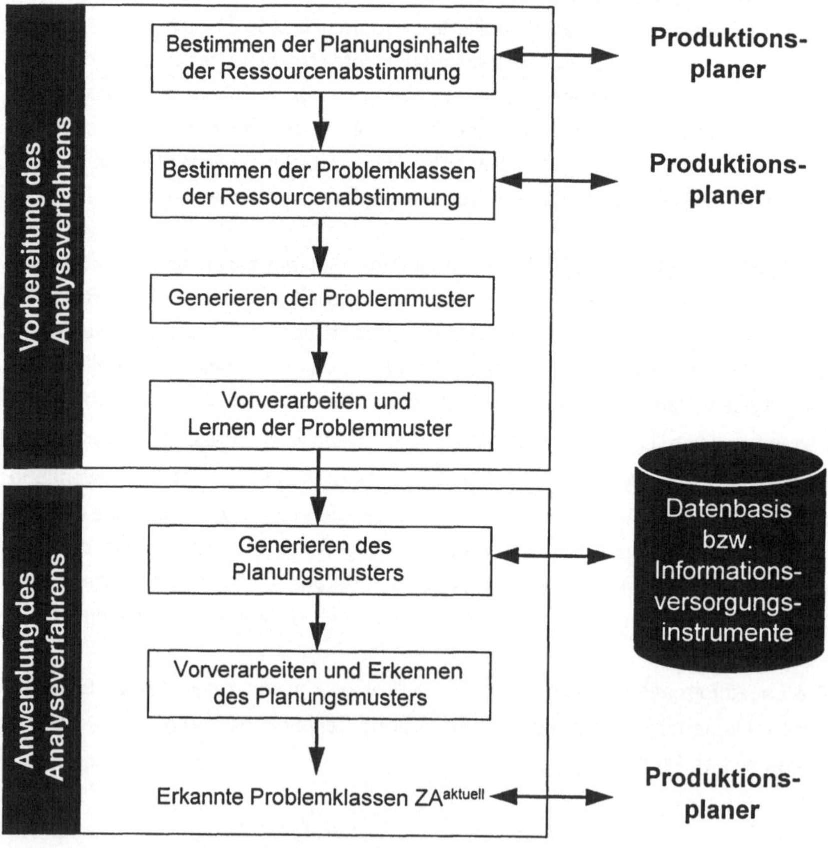

Bild 7.3-1:   Gesamtablauf des Verfahrens zur Problemanalyse

kannte Problemklassen mit ihrem berechneten Ordnungsparameterwert als Maß für die Güte der Klassifikation ausgewiesen. Hinzu kommen die ressourcen- und zeitbezogene Lageinformation.

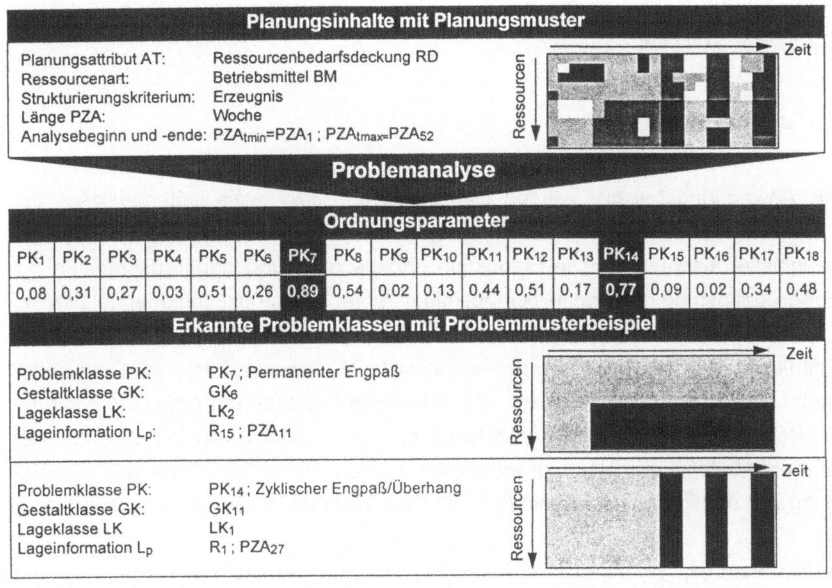

Bild 7.3-2:   Ergebnis des Verfahrens zur Analyse von Problemen der Ressourcenabstimmung (Beispiel)

8 Diskussion von Verfahrensaspekten hinsichtlich industrieller Anwendung

Das entwickelte Verfahren zur Analyse von Problemen der Ressourcenabstimmung wurde zur Verifikation der Leistungsfähigkeit als EDV-gestützter Prototyp realisiert.[1] Ausgehend von den Anforderungen des in Kapitel 8.1 beschriebenen konkreten Anwendungsbeispiels wurden mit diesem Prototyp Tests in Labor (Kap. 8.2) und Praxis (Kap. 8.3) durchgeführt.

8.1 Anwendungsbeispiel

Als Anwendungsbeispiel werden die Analysespezifika eines Unternehmens der Holz- und Möbelindustrie mit mehrstufiger Produktion variantenreicher Serienerzeugnisse beschrieben. Die Produktion erfolgte rein kundenauftragsorientiert mit hoher Auslastung der Spezialbetriebsmittel an sechs Produktionstagen je Woche. Der Schwerpunkt der Produktionsplanung lag auf der Bereitstellung der in diesem Fall flexibilitäts- und auslastungsbestimmenden Ressource Personal. Daher wurde im betrieblichen PPS-System eine detaillierte Bedarfs- und Angebotsrechnung für Personal realisiert, deren aktuellen Ergebnisse in Form von Tabellen zur manuellen Abstimmungsplanung aufbereitet wurden. Bei der Analyse und Bewältigung von Abstimmungsproblemen bestanden folgende Hauptschwierigkeiten:

- Die Planung mußte sich aus Komplexitätsgründen auf die Gegenwart und kurzfristige Zukunft beschränken.

- Der Aufwand zur Abstimmungsplanung war sehr hoch, da jede Abweichung zwischen Personalbedarf und -angebot einzeln zu lösen versucht wurde und keine standardisierten Problemklassen und Lösungsmöglichkeiten definiert wurden.

- Die Zahl der unerkannten und unbewältigten Restprobleme war hoch. Speziell im kurzfristigen Bereich wurden Abhängigkeiten zwischen verschiedenen Problemsymptomen nicht erkannt und einzelne, ungewisse Planungsinformationen fehlinterpretiert. Mittel- bis langfristige Entwicklungen bezüglich der Personalbedarfe wurden zu spät erkannt, so daß Aktionsparameter wie gezielte Personaleinstellungen und Personaleinsatzflexibilisierungen erst mit Zeitverlust

---

[1] Die Realisierung erfolgte mit dem Softwareprogramm MATLAB, welches zur schnellen Programmierung numerischer Berechnungen konzipiert ist und leistungsfähige Grafikkomponenten besitzt (vgl. The Math Works (1994)).

angewendet werden konnten. Darüber hinaus war die manuelle Problemanalyse zu aufwendig, um durch ereignisorientierte oder sehr kurzzyklische Durchführung der hohen Dynamik der Personalbedarfe- und -angebote gerecht zu werden.

Zur Verbesserung der dadurch unzureichenden Termintreue und Betriebsmittel- bzw. Personalauslastung sollte eine systematische Analyse von Problemen der Personalabstimmung auf Basis des in dieser Arbeit entwickelten Verfahrens in die betriebliche Personalbereitstellungsplanung integriert werden (Bild 8.1-1).

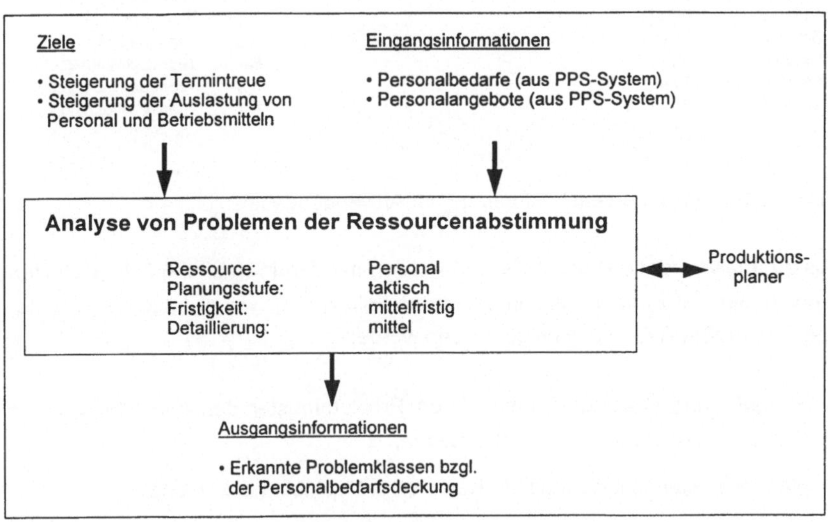

Bild 8.1-1:   Problemanalyse im Anwendungsbeispiel

Mit den in Kapitel 6.1 entwickelten Konstrukten wurden die anwendungsspezifischen Planungsinhalte modelliert. Sie umfaßt die Abbildung von 30 Produktionsteams, die nach Verantwortungsbereich strukturiert und grob in Materialflußrichtung sortiert wurden (Bild 8.1-2). Als Planungszeitraum wurden 100 Planungszeitabschnitte festgelegt, wobei die Länge eines Planungszeitabschnitts 1 Tag betrug. Der Planungsinhalt umfaßte damit 3000 Einzelinformationen über die Personalbedarfsdeckung.

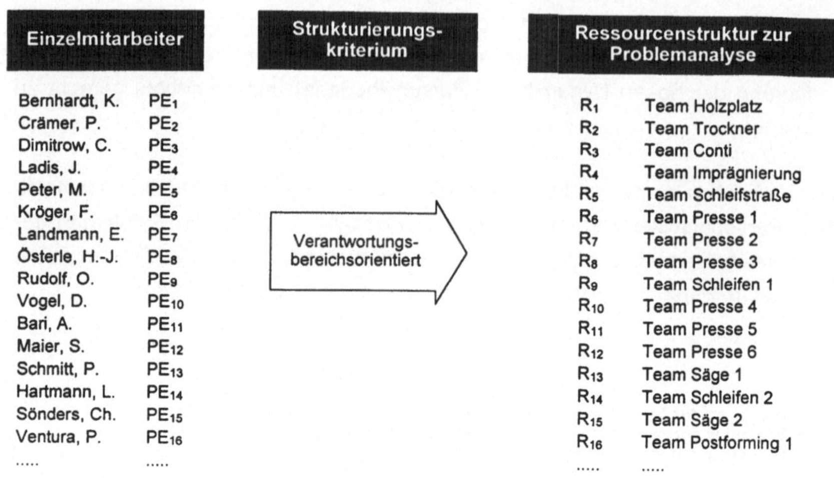

Bild 8.1-2:   Ressourcenstrukturierung im Anwendungsbeispiel

Als zu analysierende Problemklassen wurden mit den in Kapitel 6.2 vorgestellten Konstrukten 18 Problemklassen erarbeitet (Bild 8.1-3), wobei folgenden Problemen die größte Bedeutung beigemessen wurde:

- Engpaß- und Überhangformen, deren Problemmuster den charakteristischen Erzeugnisbedarfsstrukturen entsprechen,

- planungszeitabschnittorientierte Komplementärproblematiken und

- ressourcenbezogenes zeitliches Verhalten wie Trends und zyklische Schwankungen.

8.2 Labortest

Die modellierten Planungsinhalte und die Problemklassen wurden mit den im Kapitel 6.3 vorgestellten Algorithmen zur Analysewissensbasis in Form der adjungierten Prototypvektoren weiterverarbeitet. Daraufhin wurden Tests zur Überprüfung der Analyseleistung des Verfahrens durchgeführt. Für die Leistungsmessung von klassifizierenden Verfahren sind folgende Grundlagen zu beachten:[1]

---

[1] Vgl. Schürmann (1994) S. 18f und S. 141ff.

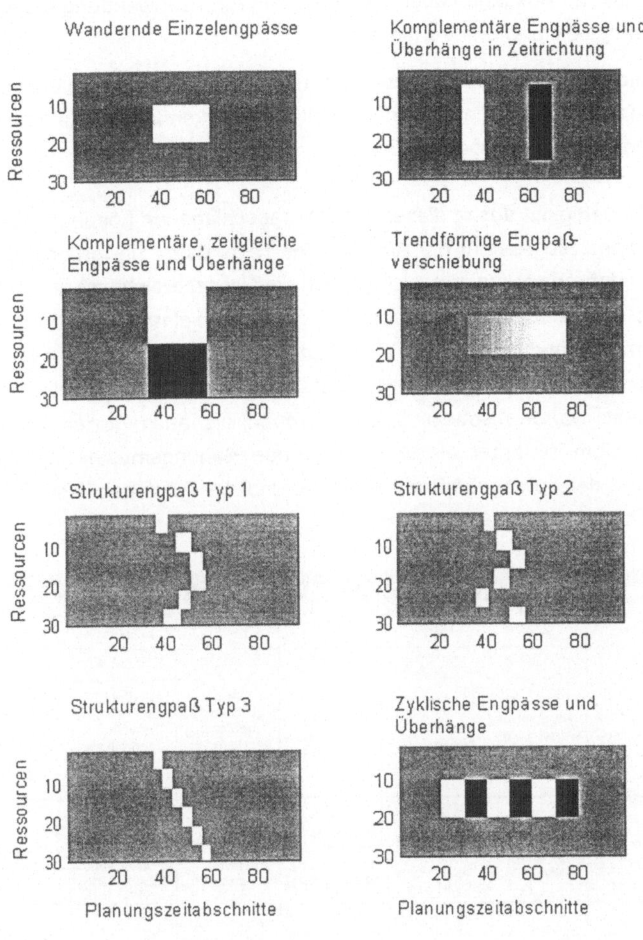

Bild 8.1-3:   Problemklassen im Anwendungsbeispiel (Auszug)

- Das wichtigste Kritererium zur Leistungsmessung ist die Klassifikationsrate, d.h. das Verhältnis der Zahl richtig erkannter Musterklassen zur Zahl der in einem Planungsmuster angebotenen.

- Erkennungstests mit Lernstichproben, d.h. Mustern, die zum Lernen verwendet wurden, führen zu Aussagen über die Reklassifizierungsleistung des Verfahrens. Erkennungstests mit Teststichproben, d.h. Mustern, die für das Verfahren neu sind, führen zu Aussagen über die für die Verfahrensanwendung wichtigere Generalisierungsleistung des Verfahrens.

- Erkennungstests führen stets zu Aussagen über zwei vollkommen verschiedene Sachverhalte, nämlich die Leistungsfähigkeit des Erkennungsverfahrens und die Schwierigkeit der Aufgabenstellung.

Aufgrund der Neuartigkeit des in dieser Arbeit vorgeschlagenen Lösungsansatzes für die Problemanalyse besteht die Aufgabe der Tests darin, die grundsätzliche Eignung des Verfahrens aufzeigen, nicht jedoch die Grenzbereiche zu erforschen. Daher werden im Rahmen dieser Arbeit lediglich beispielhafte Ergebnisse für Klassifikationsraten ermittelt und das Verhalten der Ordnungsparameter im Verhältnis zur Rückweisungsschwelle beobachtet. In den in diesem Kapitel aufgeführten Labortests wurden sowohl Lernstichproben als auch gezielt erzeugte Teststichproben dem Verfahren als zu analysierende Planungsmuster angeboten. Die Bedingungen der durchgeführten Labortests und die Testergebnisse sind im Bild 8.2-1 zur Übersicht dargestellt.

	Test 1	Test 2	Test 3	Test 4	Test 5	Test 6	Test 7
Lernverfahren	Haken	SCAP	Haken	SCAP	Haken	SCAP	SCAPAL
Zahl LM	1LM/PK	10 LM/PK	1 LM/PK	10 LM/PK	1 LM/PK	1-20 LM /PK	10 LM/PK
Zu analysierendes Muster	LSP und TSP mit verschobenen LSP	TSP mit Parameterwerten innerhalb der Intervallgrenzen	TSP als verrauschte und verschobene LSP	TSP mit Parameterwerten außerhalb der Intervallgrenzen	TSP mit gleichzeitig mehreren überlagerten und verschobenen LSP	LSP und TSP mit Parameterwerten innerhalb der Intervallgrenzen	LSP und TSP mit Parameterwerten innerhalb der Intervallgrenzen
Klassifikationsrate	100%	ca. 90-95% mit problemneutraler Rückweisung	100% (75%) bis Rauschstärke 0,3 (0,5) mit idealer Rückweisung	Einzelne Fehlklassifikationen (problemneutrale Rückweisung)	< 75% ab etwa 4 überlagerter Problemklassen	bei LSP z.B. 91% (10 LM), 94% (20 LM) (problemneutr. Rückweisung)	bei LSP z.B. 97% ab 300 Lernschritten
Verhalten der Ordnungsparameter	$\xi=1$ für erkannte PK, sonstige $\xi=0$	$\xi=0{,}71\text{-}1$ für erkannte PK	z.B. $\xi=0{,}81$ (0,61) bei Rauschstärke 0,3 (0,5)	$\xi=0{,}1\text{-}0{,}75$ je nach Abweichung von Intervallgrenzen	$0{,}2< \xi<0{,}9$ für in TSP enthaltene PK	$\xi=0{,}71\text{-}1$ für erkannte PK	$\xi=0{,}71\text{-}1$ für erkannte PK
Bemerkung	sehr gutes Ergebnis	sehr gutes Ergebnis, steigerbar mit idealer Rückweisung	sehr gutes Ergebnis	geringfügige Intervallüberschreitungen werden teilweise falsch klassifiziert	Absteigende Reihenfolge der Ordnungsparameterwerte ermöglicht Verdachthypothesen	gutes Ergebnis ab etwa 10 LM, steigerbar mit idealer Rückweisung	durchschnittlich 5% bessere Klassifikationsraten als SCAP-Verfahren

LM = Lernmuster   PK =Problemklasse   LSP = Lernstichproben   TSP = Teststichproben

Bild 8.2-1:   Zusammenfassung der Bedingungen und Ergebnisse der Labortests (18 Problemklassen des Anwendungsbeispiels)

Die wesentlichen Ergebnisse können wie folgt zusammengefaßt werden:

- Die Reklassifizierungs- und die Generalisierungsleistung (Test 1, 2, 3 und 4) des Analyseverfahrens können insgesamt als sehr gut bezeichnet werden. Die Anfälligkeit gegenüber Verrauschungen[1] ist extrem gering (Test 3 und Bild 8.2-2). Fehlklassifikation bei Mustern, die nicht zu den modellierten Problemklassen gehören, aber ähnlich[2] dazu sind, wurden nur teilweise bei sehr hoher Ähnlichkeit festgestellt (Test 4).

- Auch bei Mehrfachklassifikationen (Szenen) ist die Generalisierungsleistung bis etwa 4 gleichzeitig vorliegender Problemklassen gut (Test 5 und Bild 8.2-3). Bei einer größeren Zahl von Problemklassen zeigten die Ordnungsparameterwerte, daß zumindest Verdachtshypothesen noch gut erzielt werden können.

- Tests bezüglich verschiedener Lernverfahren zeigten, daß beim SCAP-Verfahren bei etwa 20 Lernmustern je Problemklasse die richtige Zahl für sehr gute Klassifikationsergebnisse liegt (Test 6). Beim Übergang auf das SCAPAL-Verfahren können ab etwa 300 Lernschritten nochmals durchschnittlich etwa 5% bessere Klassifikationsergebnisse erzielt werden (Test 7 und Bild 8.2-4).

Über die im Anwendungsbeispiel modellierten Problemklassen hinaus wurden weitere spezielle hinzugefügt. Dabei zeigten sich Grenzen des Analyseverfahrens bei der Erkennung von Problemklassen, die nur durch sehr wenige Informationen charakterisiert sind und sehr homogene Eigenschaften haben. Eine hohe Zahl komplexer Problemklassen konnte jedoch gut erkannt werden. Weiterhin neigt das entwickelte Analyseverfahren dazu, komplexe Planungsmuster mit mehreren Problemklassen als Ganzes zu erkennen. Den größten Ordnungsparameterwert hat die Problemklasse, die die größte Ähnlichkeit zur gesamten Szene hat, während die konstituierenden einzelnen Problemklassen teilweise nur als Verdachtshypothesen ausgewiesen werden können.[3]

---

[1] Dazu wurde ein mittelwertfreies Rauschen in Höhe der Maximalwerte der Planungsmatrix additiv überlagert.

[2] Dazu wurden einzelne Parameterwerte außerhalb der für die Problemklassen definierten Intervalle festgelegt, was zur Streckung oder Stauchung einzelner Zeitreihentypen bzw. deren Mikrolage zueinander führt.

[3] Diese Verfahrensschwäche führt in der Anwendung dazu, daß bei gleichzeitiger Modellierung einfacher und komplexer, zusammengesetzter Problemklassen überwiegend die komplexen Problemklassen erkannt werden. Dies entspricht der in dieser Arbeit verfolgten Absicht, möglichst komplexes Wissen aus einer Planungssituation generierern zu können. Insofern führt die im Rahmen der Labortests erkannte Verfahrensschwäche nicht unbedingt zu Nachteilen in der praktischen Anwendung im Unternehmen, sondern kann dort sogar vorteilhaft genutzt werden.

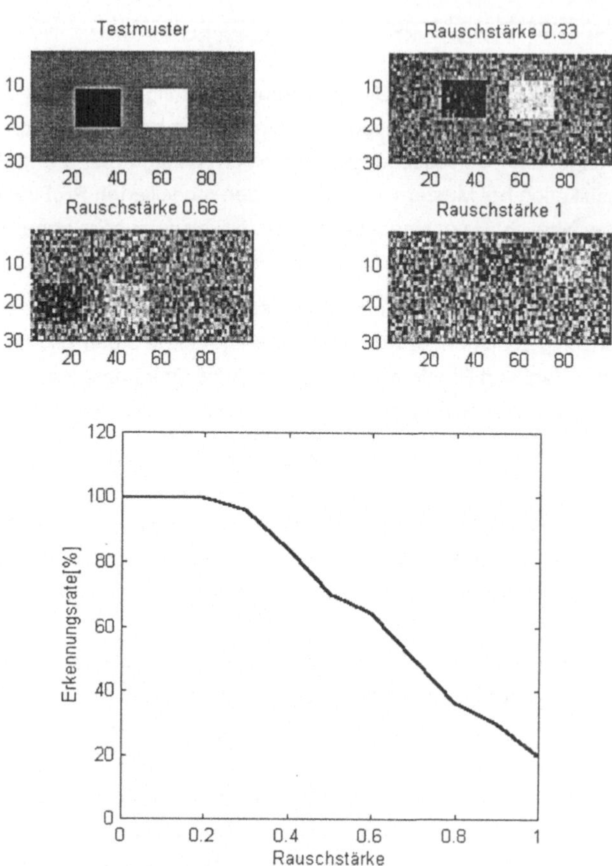

Bild 8.2-2:   Klassifikationsrate in Abhängigkeit von Verrauschungen

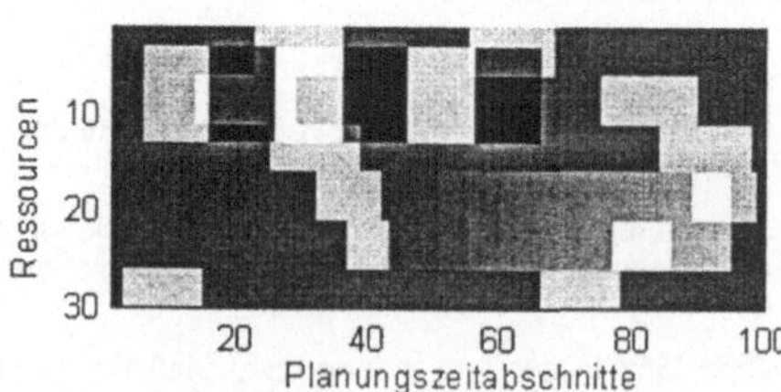

Bild 8.2-3:   Beispiel eines Planungsmusters mit 5 überlagerten Problemklassen

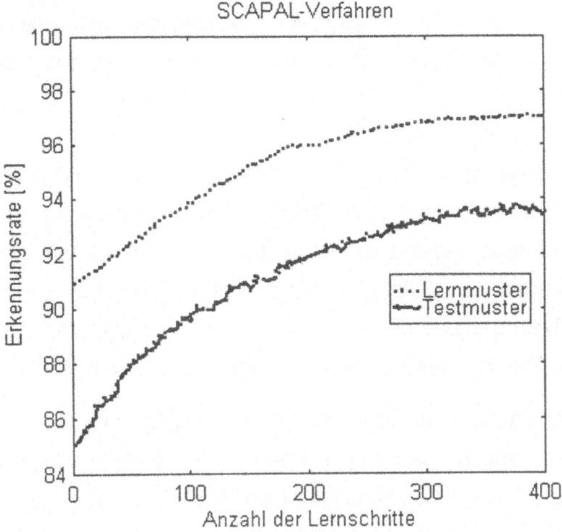

Bild 8.2-4:   Klassifikationsrate in Abhängigkeit der Zahl der Lernschritte

Insgesamt zeigten die Labortests gute bis sehr gute Klassifikationsergebnisse, vor allem bei konsequenter Nutzung des SCAPAL-Verfahrens und Berechnung idealer Rückweisungsschwellen.[1] Die guten Ergebnisse sind zusätzlich vor dem Hintergrund zu bewerten, daß bei der Modellierung der Problemklassen im Anwendungsbeispiel relativ große Intervalle für die Parameter der Zeitreihentypen gewählt wurden, so daß der Schwierigkeitsgrad der Erkennungsaufgabe als hoch eingeschätzt werden kann.

8.3 Praxistest

Für die Praxistests wurden aus dem PPS-System zu verschiedenen Zeitpunkten die aktuellen Informationen über Personalbedarf und -angebot übernommen und Planungsmuster generiert. Im Praxistest können keine Klassifikationsraten ermittelt werden, da die in den Planungsmustern tatsächlich angebotenen Problemklassen unbekannt sind und ihr Nachweis gerade Aufgabe des Analyseverfahrens ist. Bei der Analyse dieser Planungsmuster konnten mit dem entwickelten Verfahren jeweils durchschnittlich 3 bis 4 Problemklassen gleichzeitig sicher erkannt werden. Darüber hinaus wiesen die Ordnungsparameterwerte weitere Problem-

---

[1] Als ideale Rückweisungsschwellen ergaben sich Werte im Bereich 0,55-0,68, so daß deutlich mehr Problemklassen als bei problemneutraler Rückweisung (0,71) erkannt werden.

klassen als Verdachtshypothesen aus. Der Nutzen der verfahrensgestützten Problemanalyse im Anwendungsbeispiel kann insgesamt wie folgt beschrieben werden:

- Bereits die systematische Modellierung der Planungsinhalte und der Problemklassen führte zu einer deutlichen Systematisierung der Abstimmungsplanung und zu einer Sensibilisierung der Produktionsplaner für die grundlegenden zu lösenden Problematiken. Die Grauwertdarstellungen führten zu einer starken Erhöhung der Transparenz der Analyse. Insgesamt sank der manuelle Aufwand für die gesamte Personalabstimmungsplanung erheblich.

- Wandernde Engpässe und Trends konnten durch ihre frühzeitige Erkennung vorausschauend durch Aktionsparameter der Personalkapazitätsanpassung bewältigt werden, was einen nachhaltigen Einfluß auf die Termintreue des Unternehmens hat. Vor allem die systematische Analyse von Komplementärproblematiken ermöglichte eine erheblich verbesserte Ressourcenauslastung. Dazu entstanden im Unternehmen neue Aktionsparameter zum Erzeugnisbedarfsabgleich sowie zur örtlichen Flexibilisierung des Personaleinsatzes.

Die Praxistests zeigten, daß die Integration einer systematischen Problemanalyse auf Basis des entwickelten Verfahren in die betriebliche Planung der Ressourcenabstimmung möglich und vorteilhaft ist. Darüber hinaus konnten erste wirtschaftlich Effekte durch Steigerung der Termintreue und Ressourcenauslastung erzielt werden.

9 Zusammenfassung und Ausblick

Die Fähigkeit zur permanent hohen Erreichung von Kosten- und Zeitzielen ist eine Voraussetzung für die Wettbewerbsfähigkeit von Industrieunternehmen. Erschwert wird dies durch die hohe Komplexität und steigende Turbulenz der Produktionsbedingungen. Zur verbessserten Zielerreichung wurde die Notwendigkeit einer kontinuierlichen Analyse und Lösung von Problemen der Ressourcenabstimmung abgeleitet. Die vorliegende Arbeit leistet einen Beitrag dazu durch die Bereitstellung eines Verfahrens zur Analyse von kurz-, mittel- und langfristigen Engpaß- und Überhangproblemen sowie weiterem problematischem Verhalten von Angeboten und Bedarfen der Ressourcen Material, Betriebsmittel und Personal.

Wie die formulierten Anforderungen und der Stand der Technik zeigten, sind für eine Analyse, mit der problemorientiertes Verhaltens-, Struktur- und Metawissen aus dem Faktenwissen über eine Planungssituation gewonnen werden kann, verbesserte bzw. neue methodische Ansätze erforderlich. Die Neuartigkeit des in dieser Arbeit vorgeschlagenen methodischen Ansatzes besteht darin, daß die Analyse von Problemen der Ressourcenabstimmung als Mustererkennungsaufgabe interpretiert wurde. Die Verfahrenskonzeption zur Analyse basiert dementsprechend auf Lösungsansätzen aus dem Gebiet der Mustererkennung, und zwar speziell der synergetischen Mustererkennung und der Bildverarbeitung.

Dazu wurden mehrere neuartige Verfahrensbausteine entwickelt und in einen Verfahrensablauf zur Vorbereitung und Anwendung des Analyseverfahrens integriert. Mit den entwickelten Konstrukten können anwendungsspezifisch die in die Problemanalyse einzubeziehenden Ressourcen und Zeiträume modelliert und für Analysezwecke optimal abgebildet werden. Dabei wurde Wert auf eine sehr breite und detaillierte Informationsbasis für die Analyse gelegt. Weiterhin wurden Konstrukte zur hochflexiblen Modellierung anwendungsspezifischer objektiver und subjektiver Analyseinteressen in Form von Problemklassen entworfen. Die wesentliche Analyseleistung des entwickelten Verfahrens besteht in der Erkennung dieser Problemklassen durch Klassifikation. Die aus der Literatur bekannten und in der Planung einsetzbaren Klassifikationsverfahren sind nur eingeschränkt geeignet zur Verarbeitung großer Informationsmengen und basieren auf problemabhängigen Algorithmen. Daher wurde ein neuartiges Analyseverfahren mit problemunabhängigen Algorithmen der Synergetik vorgeschlagen.

Durch Labortests mit einem EDV-technisch realisierten Prototyp konnte der Nachweis der Universalität und hohen Klassifikationsleistung des Analyseverfahrens selbst bei schlechter Datenqualität erbracht werden. Die Praxistests zeigten darüber hinaus, daß eine Integration der entwickelten Problemanalyse in die betriebliche Planung möglich und wirtschaftlich sinnvoll ist.

Ansätze für weiterführende Arbeiten auf dem Gebiet der Analyse von Problemen der Ressourcenabstimmung ergeben sich aus der Beschränkung des entwickelten Verfahrens auf die Erkennung vorab modellierter Problemklassen. So ist eine Ergänzung der Analysemethodenbank um Zeitreihenanalysen für quantitative Detailanalysen sowie um Methoden sinnvoll, die eigenständige Schlußfolgerungen im Sinne neuartiger Problemanalysen leisten können.

Darüber hinaus ergeben sich Ansätze für weiterführende Arbeiten aus der Interaktion der Problemanalyse mit anderen Planungsphasen der Ressourcenabstimmung. So ist eine Anbindung an Verfahren zur Generierung von Problemlösungsalternativen sowie an Simulationsverfahren zur Alternativenbewertung erstrebenswert. Die in einer Planungssituation analysierten Probleme der Ressourcenabstimmung könnten dann sukzessive durch wechselseitige planerische Anwendung von Aktionsparametern und Analyse der Restproblematik gelöst werden.

10 Literaturverzeichnis

Anthony, R.N. (1965):
Planning and Control Systems - A Framework for Analysis. Boston, 1965.

Ashby, W.R. (1970):
An Introduction to Cybernetics, 5th Ed., London, 1970.

Becker, B.-D. (1991):
Simulationssystem für Fertigungsprozesse mit Stückgutcharakter, IPA-IAO
Forschung und Praxis, Band 154. Berlin, 1991.

Besemer, I.; Finzer, P. (1990):
Einsatz von Standardsoftwarepaketen in der Personalbedarfsplanung.
In: Personal Heft 2/1990, S. 46-50.

Bircher, B. (1976):
Langfristige Unternehmensplanung - Konzepte, Erkenntnisse und
Modelle auf systemtheoretischer Grundlage. Bern, Stuttgart: Haupt, 1976.

Boebel, F.G.; Wagner, T. (1994):
Theoretical Foundations of Synergetic Image Processing. In: Boebel, F.G.;
Wagner, T. (Hrsg.): ICASSE 94 - Proceedings of the 1st International
Conference on Applied Synergetics and Synergetic Engineering, June 21-
23, 1994, S. 46-52. Erlangen,1994.

Boebel, F.G.; Wagner, Th. (1991):
Industrielle Klassifikation und Identifikation mit dem Synergetischen Com-
puter (SC). Erfahrungsbericht. In: IBM (Hrsg.): Industrie und Technik.
Kongreß 16.-18. Oktober, 1991. Garmisch, 1991.

Bornemann, H. (1986):
Bestände-Controlling. Wiesbaden: Gabler, 1986.

Brandt, S. (1992):
Datenanalyse mit statistischen Methoden und Computerprogrammen.
Mannheim usw.: BI-Wiss.-Verl., 1992.

Braun, H.-J. (1994):
Ein unscharfes Planungsverfahren zur mittelfristigen Personalkapazitäts-
anpassung für die bedarfsorientierte Serienproduktion. Berlin usw.:
Springer 1995. Zugl. Diss., Univ. Stuttgart, 1994.

Bullinger, H.-J. (1992):
Personalentwicklung und -qualifikation. Berlin usw.: Springer, 1992.

Bullinger, H.-J. (1993):
Leitvortrag. In: Bullinger, H.-J. (Hrsg.): Wege aus der Krise. Geschäfts-
prozeßoptimierung und Informationslogistik. IAO-Arbeitstagung, 9.-10.
November 1993. Berlin usw.: Springer, 1993.

Bullinger, H.-J. (1994):
Einführung in das Technologiemanagement: Modelle, Methoden und
Praxisbeispiele. Stuttgart: Teubner, 1994.

Bullinger, H.-J. (1995):
Arbeitsgestaltung. Personalorientierte Gestaltung marktgerechter Arbeitssysteme. Stuttgart: Teubner, 1995.

Bunz, A.; Hopfmann, L. (1987):
Simulationsmodelle vom Typ System Dynamics als Instrument zur strategischen Planung flexibler Montagesysteme. In: Biethan, J; Schmidt, B. (Hrsg): Simulation als betriebliche Entscheidungshilfe. Berlin usw.: Springer, 1987, S. 213-224.

Burger, C. (1991):
Verteilte Produktionsregelung mit simulations- und wissensbasierten Informationssystemen. Diss., TU München, 1991.

Caduff, Th. (1981):
Zielerreichungsorientierte Kennzahlennetze industrieller Unternehmungen. Diss., Universität Frankfurt a.M., 1981.

Chen, B. (1991):
Computersimulation als universelle Methode für die optimale betriebswirtschaftliche Entscheidungssuche. In: Biethahn, J. et al. (Hrsg.): Simulation als betriebliche Entscheidungshilfe. Berlin usw.: Springer,1991.

Christmann, A. (1990):
Anwendungen der Synergetik und Chaostheorie in der Ökonomie. Diss., Univ. Karlsruhe (TH), 1990.

Czeguhn, K.; Franzen, H. (1987):
Die rechnergestützte Integration betrieblicher Informationssysteme auf Basis der Betriebsdatenerfassung. In: zfbf 39 (2/1987), S. 169-181.

Dienstdorf, B. (1972):
Kapazitätsanpassung durch flexiblen Personaleinsatz bei Werkstattfertigung. Diss., TH Aachen, 1972.

Drumm, H.-J. (1989):
Personalwirtschaftslehre. Berlin usw.: Springer, 1989.

Drumm, H.J. (1992):
Personalplanung. In: Handwörterbuch des Personalwesens. Stuttgart: Schäffer-Poeschel,1992, S. 1758-1770.

Duda, R.O. (1973):
Pattern Classification and scene analysis. New York usw.: Wiley & Sons, 1973.

Eckardstein, D. von (1979):
Personalplanung. In: Kern, W. (Hrsg.): Handwörterbuch der Produktionswirtschaft. Stuttgart: Schäffer-Poeschel, 1979, S.1405-1416.

Engel, A. (1990).:
Beyond CIM: Bionic Manufacturing Systems in Japan. In: IEEE Expert (1990) 8, S.79-81.

Faißt, J.; Günther, H.O.; Schneeweiß, Ch. (1991):
Ein Decision-Support-System zur Planung der Jahresarbeitszeit. In: Biethan, J; Hummel-Herberg, W.; Schmidt, B. (Hrsg.): Simulation als

betriebliche Entscheidungshilfe. Band 2. Berlin u.a: Springer, 1991,
S. 167-185.

Föllinger, O. (1985):
Regelungstechnik. Heidelberg: Hüthig, 1985.

Föllinger, O. (1990):
Laplace- und Fourier-Transformation. Heidelberg: Hüthig, 1990.

Förster, H.-U.; Miessen, E.; Löffelholz, F. Frhr. v.; Roos, E. (1987):
Marktspiegel PPS-Systeme auf dem Prüfstand. Köln: TÜV Rheinland,
1987.

Franke, W.; Rieder, H.; Schwab, J. (1992):
Rationellere und flexiblere Kennzahlensysteme durch neue Informatik-
lösungen. In: io Management Zeitschrift 61, Nr. 11, 1992, S. 80-82.

Frischholz, R.W.; Böbel, F.G.; Sinnler, K.P. (1994):
Face Recognition with the Synergetic Computer. In: Boebel, F.G.; Wagner,
T. (Hrsg.): ICASSE 94 - Proceedings of the 1st International Conference on
Applied Synergetics and Synergetic Engineering, June 21-23, 1994, S.
100-106. Erlangen, 1994.

Fröhling, O. (1990):
Integriertes Personal-Controlling. In: Controller Magazin 3/90, S. 117-122.

Fuchs, A. (1990):
Synergetische Systeme zur Mustererkennung und zur phänomenologi-
schen Modellierung raum-zeitlich aufgelöst gemessener EEG's. Diss.,
Univ. Stuttgart, 1990.

Fuchs, A.; Haken, H. (1988):
Pattern recognition and Associative Memory as Dynamical in a Synergetic
System. In: Biological Cybernetics 60/1988, S. 17-22 und Erratum.

Genesereth, M.R; Nilson, N.J. (1989):
Logische Grundlagen der Künstlichen Intellligenz. Reihe Künstliche
Intelligenz. Braunschweig, Wiesbaden: Vieweg, 1989.

Gessner, P.; Wacker, H. (1972):
Dynamische Optimierung. München: Carl Hanser, 1972.

Gomez, P. (1981):
Modelle und Methoden des systemorientierten Managements. Bern;
Stuttgart: Haupt, 1981.

Grabobski, H. (1985):
Informationssysteme der Produktionstechnik. Vorlesungsmanuskript, Univ.
Karlsruhe, 1985.

Groffmann, H.-D. (1992):
Kooperatives Führungsinformationssystem. Wiesbaden: Gabler, Zugl.
Diss., Univ. Tübingen, 1992.

Gronau, N. (1992):
Rechnergestütztes Produktionsmanagement. In: FB/IE 41 (1992) 4,
S. 160-163.

Gronau, N. (1994):
Konzeption eines strategieorientierten Führungsinformationssystems zur
Entscheidungsunterstützung des Produktionsmanagements. Diss., TU
Berlin, 1994.

Gronau, N. (1995):
Führungsinformationssystem zur Unterstützung des Produktionsmanagements. In: CIM Management 11 (1995) 3, S. S9-S12.

Groth, U. (1992):
Kennzahlensystem zur Beurteilung und Analyse der Leistungsfähigkeit der
Fertigung. Düsseldorf: VDI, 1992.

Gubitz, K.-M. (1994):
Computergesteuerte Produktionsplanung: Datenmanagement und Informa-
tionsverarbeitung in PPS-Systemen. Heidelberg: Physica 1994. Zugl. Diss.,
Fernuniversität Hagen, 1993.

Gutenberg, E. (1979):
Grundlagen der Betriebswirtschaftslehre. Erster Band. Die Produktion.
Berlin usw.: Springer, 1979.

Habich, M. (1990):
Handlungssynchronisation autonomer, dezentraler Dispositionszentren in
flexiblen Fertigungsstrukturen. Diss., Univ. Bochum, 1990.

Hackstein, R. (1989):
Arbeitswissenschaft und Betriebsorganisation II. Aachen: VDI: 1989.

Haken, H.: (1979)
Pattern Formation and Pattern Recognition. An Attempt at a Synthesis.
In: Pattern Formation by Dynamical Systems and Pattern Recognition.
Bd. 5., 1979.

Haken, H. (1983):
Synergetik. Berlin usw.: Springer, 1983.

Haken,H. (1987):
Advanced Synergetics. Berlin usw.: Springer, 1987.

Haken, H.:(1988)
Synergetic in Pattern Recognition and Associative Action. In: Neural and
Synergetic Computers-Springer Series in Synergetics Vol. 42/1988. Berlin
usw.: Springer, 1988.

Haken, H.: (1991)
Synergetic Computers and Cognition. Berlin usw. : Springer, 1991.

Haken, H.; Lorenz, W.; Schanz, M.; Wunderlin, A. (1993):
Fragestellungen und Resultate der modernen Chaosforschung. Arbeitspa-
pier des Instituts für Theoretische Physik und Synergetik der Universität
Stuttgart, 1993.

Hänscheid, P. (1988):
Wissensverarbeitung schafft Vorsprung. Symbolics GmbH, Eschborn,
1988. -Firmenschrift.

Harlander, N.; Olatz, G. (1989):
Beschaffungsmarketing und Materialwirtschaft. Ehningen: expert,1989.

Haupt, R. (1987):
Ein maschinenbauorientiertes Simulationsmodell interdependenter
Bearbeitungs-, Reihenfolge- und Anpassungsplanung. In: Biethan, J;
Schmidt, B. (Hrsg.): Simulation als betriebliche Entscheidungshilfe. Berlin
usw.: Springer 1987, S. 172-186.

Hemmers, K.-H.; Konrad, K.-G.; Rollmann, M. (1985):
Personalbedarfsplanung in indirekten Bereichen. Eschborn: Rationalisie-
rungskuratorium der deutschen Wirtschaft, 1985.

Hildebrand, R., Mertens, P. (1992):
PPS-Controlling mit Kennzahlen und Checklisten. Berlin usw.: Springer,
1992.

Hildebrand, R. (1992):
Betriebswirtschaftliche Schwachstellendiagnose im Fertigungsbereich mit
wissensbasierten Systemen. Heidelberg: Physica, 1992.

Holzkämper, R.(1987):
Kontrolle und Analyse des Fertigungsablaufs auf der Basis des Durchlauf-
diagramms. Fortschrittsberichte VDI. Reihe 2. Nr. 131. Düsseldorf: VDI,
1987. Zugl. Diss., Univ. Hannover, 1987.

Horváth, P.(1986):
Controlling. München: Vahlen, 1986.

Huber, A. (1990):
Wissensbasierte Überwachung und Planung in der Fertigung. Berlin: Erich
Schmidt, 1990. Zugl. Diss., TU Berlin, 1989.

Irle, M. (1971):
Macht und Entscheidung in Organisationen: Studie gegen das Linie-Stab-
Prinzip. Frankfurt a.M.: Akademische Verlags-Gesellschaft, 1971.

Jambu, M. (1992):
Explorative Datenanalyse. Stuttgart usw.: G. Fischer, 1992.

Jähne, B. (1993):
Digitale Bildverarbeitung. Berlin usw.: Springer, 1993.

Jänicke, W. (1990):
Computergestütztes Entscheiden in PPS-Systemen. In: CIM-Management
6/1990, S. 49-51.

Kapoun, J. (1988):
Grundsätzliches zur Simulation. In: Techniken der Simulation zur Optimierung unternehmerischer Planungs-, Gestaltungs- und Steuerungsaufgaben,
insbesondere in Fertigungs- und Logistikbereichen. Band 1. Lausanne,
1988.

Kellner, A.; Belau, W.; Schielow, N. (1988):
Expertensysteme zur Überwachung und Diagnose. In: Bullinger, H.-J. et
al.: Expertensysteme. Wissensbasierte Systeme in der betrieblichen
Anwendung. Ehningen: expert, 1988, S. 93-112.

Kern, W. (1962):
Die Messung industrieller Fertigungskapazitäten und ihrer Ausnutzung.
Köln-Opladen: Westdeutscher, 1962.

Kirsch, W. (1973):
Betriebswirtschaftspolitik und geplanter Wandel betriebswirtschaftlicher
Systeme. In: Kirsch, W. (Hrsg.): Unternehmensführung und Organisation.
Wiesbaden: Gabler, 1973, S. 15-40.

Klir, G. (1969):
An Approach to General Systems Theory. New York: Van Nostrand
Reinhold, 1969.

Klir, G. (1977):
General Systems Concepts. In: Trappl, R.: Cybernetics: A Sourcebook.
Washington: Hemisphere, 1977.

Kochen, R. (1979):
Personalplanung bei Auftragsfertigung. Göttingen: Vandenhoeck &
Ruprecht, 1979.

Kosiol, E. (1974):
Die Unternehmung als wirtschaftliches Aktionszentrum. Hamburg bei Rein
beck: Rowohlt, 1974.

Kosiol, E. (1967):
Zur Problematik der Planung in der Unternehmung. ZfB 37 (1967), S.77-96.

Kossbiel, H. (1988):
Personalbereitstellung und Personalführung. In: Jacob, H. (Hrsg.):
Allgemeine Betriebswirtschaftslehre. Wiesbaden: Gabler, 1988,
S. 1049-1255.

Kossbiel, H. (1992):
Personaleinsatz und Personaleinsatzplanung. In: Handwörterbuch des
Personalwesens. Stuttgart: Schäffer-Pöschel, 1992, S. 1654-1666.

Krallmann, H. (1994):
Systemanalyse im Unternehmen. Geschäftsprozeßoptimierung, partizipa-
tive Vorgehensmodelle, objektorientierte Analyse. München, Wien:
Oldenbourg, 1994.

Kreikebaum, H. (1993):
Strategische Unternehmensplanung. Stuttgart usw.: Kohlhammer, 1993.

Kretschmar, T. (1990):
Wissensbasierte betriebliche Diagnostik, Realisierung von Expertensys-
temen. Wiesbaden: Dt. Universitäts-Verlag, 1990. Zugl. Diss., Univ.
Göttingen, 1990.

Krüger, J.; Suwalski, I. (1992):
Fuzzy Logik und neuronale Netze in der Maschinenanalyse. In: ZwF 87
(1992)11, S. 611-615.

Kruse, R.; Gebhardt, J.; Klawonn, F. (1993):
Fuzzy Systeme. Stuttgart: Teubner, 1993.

Kühnle, H. (o.J.):
Vorlesungsmanuskript Produktionsplanung und -steuerung. Stuttgart, o.J.

Kühnle, H. (1987):
Produktionsmengen und -terminplanung bei mehrstufiger Linienfertigung.
Berlin usw.: Springer, 1987. Zugl. Diss., Univ. Stuttgart, 1987.

Kühnle, H. (1990):
Ein Engpaß kommt selten allein: Frühwarnung durch engpaßorientierte
Analyse. In: Auftragsfreigabe. Techno Congress. Köln, 1990.

Kühnle, H.; Braun, J.; Hüser, M. (1995):
Produzieren im turbulenten Umfeld. In: Warnecke, H.-J. (Hrsg.): Aufbruch
zum Fraktalen Unternehmen. Berlin usw.: Springer, 1995, S. 5-36.

Kurz, J. (1991):
Bestandsplanung mit Portfolioverfahren. In: FB/IE 40 (1991) 4, S. 178-181.

Kurz, J. (1994):
Ein Verfahren zur kostenorientierten Produktionsprogramm- und Kapazi-
tätsplanung bei losweiser Montage. Berlin usw.: Springer 1994. Zugl.
Diss., Univ. Stuttgart, 1994.

Leiner, B. (1982):
Einführung in die Zeitreihenanalyse. München; Wien: Oldenbourg, 1982.

Limbach, M. (1987):
Planung der Personalanpassung. Köln: Bachem, 1987.

Liu, B. (1993):
Knowledge-Based Factory Scheduling: Resource Allocation and Constraint
Satisfaction. In: Expert Systems with Applications, Vol. 6, S. 349-359,
Pergamon Press, 1993.

Mainzer, K. (1992):
Chaos, Selbstorganisation und Synergetik. Bemerkungen zu drei aktuellen
Forschungsprogrammen. In: Nidersen, U.; Pohlmann, L. (Hrsg.): Selbstorganisation. Jahrbuch für Komplexität in den Natur-, Sozial- und Geistes-
wissenschaften. Band 3, Berlin: Drucker&Humblot, 1992, S. 259-278.

Marks, S. (1991):
Gemeinsane Gestaltung von Technik und Organisation in soziotechnischen
kybernetischen Systemen. Düsseldorf: VDI, 1991. Zugl. Diss., TH Aachen,
1991.

Mertens, P.(1977):
Die Theorie der Mustererkennung in den Wirtschaftswissenschaften. In:
zfbf 29 (1977), S. 777-794.

Mertens, P. (1990):
Expertensysteme in der Produktion: Praxisbeispiele aus Analyse und
Planung; Entscheidungshilfen für den wirtschaftlichen Einsatz.
München, Wien: Oldenbourg, 1990.

Mertens, P. (1991):
Ausgewählte Ansätze zur Expertensystem-Unterstützung in der

Produktionsplanung und -steuerung. In: CIM-Management 5/1991, S. 74-77.

Mertens, P.; Schrammel, D. (1977):
Betriebliche Dokumentation und Information. Meisenheim am Glan: Hain, 1977.

Mertens, P.; Borkowski, V.; Geis, W. (1993):
Betriebliche Expertensystem-Anwendungen. Berlin usw.: Springer, 1993.

Mertins, K; Schallock, B.; Arlt, R. (1994):
Ein Domänenmodell für das betriebliche Wissensmanagement. In: ZwF 89 (1994) 10, S. 512-513.

Metz, F; Knauth, P. (1994):
Entwicklungsstand und Verbreitungsgrad von Personal-Controlling. In: Personal Heft 9/1994, S. 424-430.

Meyer, M.H.; Curley, K.F. (1995):
The Impact of Knowledge und Technology Complexity on Information Systems Development. In: Expert Systems With Applications, Vol. 8, No. 1, pp. 111-134. Pergamon, 1995.

Michel, R.M. (1991):
Know-how der Unternehmensplanung. Heidelberg: Sauer, 1991.

Micheli, F. de (1975):
Grundlagen und Methoden der Materialwirtschaft. In: Brankamp, H. et al. (Hrsg.): Handbuch der modernen Fertigung und Montage. München: Moderne Industrie, 1975.

Mintzberg, H. (1994):
"That's not "Turbulence", Chicken Little, It's Really Opportunity". In: Planning Review, 11/12 1994, S. 7-9.

Mintzberg, H; Raissingghani, D.; Theoret, A. (1976):
The structure of "unstructered" decision processes. Administrative Science Quarterly, Nr. 1, Juni, 1976, S. 246-275.

Mülder, W. (1986):
Probleme bei der Anwendung von Personalplanungsmethoden in der Praxis. In. Seibt, D; Mülder, W. (Hrsg.): Methoden- und computergestützte Personalplanung. Köln: Datakontext, 1986, S. 73-94.

Mülder, W.; Schmitz, W. (1986):
Personalkennzahlen und Personalberichtswesen - Aufbau und Computer-unterstützung. In: Seibt, D.; Mülder, W. (Hrsg.): Methoden- und computer-gestützte Personalplanung. Köln: Datakontext, 1986, S. 95-126.

MZSG (Hrsg.) (o.J.)
Managementzentrum St. Gallen (MZSG). Evolutionäres Management - Angewandte Selbstorganisation im Unternehmen. Hochschule St. Gallen, o.J.

Niemann, H. (1974):
Methoden der Mustererkennung. Frankfurt a.M.: Akademische, 1974.

Niemann, H. (1983):
Klassifikation von Mustern. Berlin usw.: Springer, 1983.

Nieß, P.S.; Mader, E. (1994a):
LogControl hilft bei der Korrektur". In: wt-Produktion und Management 84
(1994a), S. 559-562.

Nieß, S.; Mader, E. (1994b):
Bestände runter -aber wie.
Teil 1 : Grafisches Bestandscontrolling hilft Bestände senken. In:
Materialfluß Mai (1994b), S. 54-55.

Nieß, S.; Mader, E. (1994c):
Bestände runter -aber wie.
Teil 2 : Bestandssenkung um 40 Prozent keine Fiktion. In: Materialfluß
Juni (1994c), S. 14-18.

Noche, B. (1990):
Simulation in Produktion und Materialfluß. Köln: TÜV Rheinland, 1990.
Zugl. Diss., Univ. Dortmund, 1989.

Oeldorf, G; Olfert, K. (1987):
Materialwirtschaft. Ludwigshafen: Kiehl, 1987.

Oetting, G. (1951):
Beitrag zur Klärung des betriebswirtschaftlichen Kapazitätsbegriffs und
zu den Möglichkeiten der Messung. Diss., Univ. Mannheim, 1951.

Ossadnik, W. (1994):
Planung und Entscheidung. In: Corsten, H. (Hrsg.): Betriebswirtschaftslehre. München; Wien: Oldenbourg, 1994, S. 141-232.

Puppe, F. (1990):
Problemlösungsmethoden in Expertensystemen. Berlin usw.: Springer,
1990.

Puppe, F. (1991):
Einführung in Expertensysteme. Berlin usw.: Springer, 1991.

Refa (Hrsg.) (1985):
MPS-Methodenlehre der Planung und Steuerung. Band II. München, 1985.

Rieder, H.K. (1992):
Entscheidungsgerechte Aufbereitung numerischer Unternehmensdaten auf
der Basis von Zeitreihenobjekten. Diss., Univ. Bamberg, 1992.

Ritter, H. (1991):
Neuronale Netze. Bonn, München, Reading, Mass. usw.: Addison-Wesley,
1991.

Rose, H.; Stengel, H. (1988):
Kurzffristige Umdisposition in verschiedenen PPS-Ansätzen. In: CIM-
Management 6/1988. S. 76-84.

Schein, Edgar H. (1988):
Process consultation: Its role in organization development, Vol. I, Reading,
Mass.(u.a): Addison-Wesley, 1988.

Schluh, K.-M. (1991):
Wissensbasiertes PPS-System. In: CIM-Management 4/1991, S. 57-63.

Schmutz, M. (1993):
Klassifikatoren für die Bildverarbeitung. In: Bildverarbeitung '93: Forschen, Entwickeln, Anwenden. TAE: Ostfildern, 1993, S. 77-83.

Scholz, Ch. (1982):
Zur Konzeption einer Strategischen Personalplanung. In: zfbf 34 (11/1982), S. 979-994.

Schramm, U.; Wagner, T; Spinnler, K.; Boebel, F.G. (1994):
Relationships between Neural Networks, Statistical Classifiers and Synergetic Computers. In: Boebel, F.G.; Wagner, T. (Hrsg.): ICASSE 94 - Proceedings of the 1st International Conference on Applied Synergetics and Synergetic Engineering, June 21-23, 1994, S. 10-19. Erlangen, 1994.

Schuff, G. (1984):
Bewältigung von Planabweichungen bei nachfrage- und lagergebundener Kleinserienfertigung durch eine dynamische Fertigungsplanung und -steuerung. Fortschrittsberichte der VDI-Z. Reihe 2 Nr. 68. Düsseldorf: VDI, 1984.

Schulte, Ch. (1989):
Personal-Controlling mit Kennzahlen. München: Vahlen, 1989.

Schulz, C.-D. (1992):
Theorie des Lasersystems zur Mustererkennung als optische Realisierung eines synergetischen Computers. Diss., Univ. Stuttgart, 1992.

Schürmann, J. (1994):
Mustererkennung mit statistischen Methoden. Daimler-Benz Forschungszentrum Ulm. Institut für Informationstechnik. Ulm, 1994.

Schwab, H.J. (1991):
Ein computergestütztes Modellierungssystem zur Kennzahlenbewertung. Diss., Univ. Bamberg, 1991.

Schweigert, D; Abt, O (1994):
Übersicht über Absatz- und Produktionsprogrammplanung in PPS-Standardsoftware. In: REFA-Nachrichten, 4/1994, S. 4-19.

Seibt, D. (1986):
Analyse von Teilbereichen der Personalplanung als Voraussetzung für die Entwicklung computergestützter Teilsysteme. In: Seibt, D.; Mülder, W. (Hrsg.): Methoden- und computergestützte Personalplanung. Köln: Data kontext, 1986.

Seliger, G.; Feige, M.; Wang, Y. (1993):
Simulationsgestützte Planung von Gruppenarbeit in der Montage. ZwF 88 (1993) 1, S. 14-16.

Sent, B. (1991):
Personalbedarfsplanung. Berlin, Heidelberg 1991. Zugl. Diss., TH Aachen, 1991.

Stacey, R. (1993):
The Chaos Frontier. Creativ strategic control for business. London: Butter-wort-Heinemann,1993, S. 315-334.

Staele, W.H. (1989):
Management. Eine verhaltenswissenschaftliche Perspektive. München: Vahlen, 1989.

Stanek, W; de Jong, H. (1993):
Simulation in der Fabrikplanung und Fertigungssteuerung. In: ZwF 88 (1993) 5, S. 226-228.

Staudt, E. (1985):
Kennzahlen und Kennzahlensysteme. Grundlagen zur Entwicklung und Anwendung. Berlin: E. Schmidt, 1985.

Steinbrecher, R. (1993):
Bildverarbeitung in der Praxis. München: Oldenborug, 1993.

Stoyan, H. (1988):
Programmiermethoden der künstlichen Intelligenz, Band 1. Studienreihe Informatik. Berlin usw.: Springer, 1988.

Szyperski, N. (1980):
Informationsbedarf. In: Grochla, E. (Hrsg.): Handwörterbuch der Organisation. Stuttgart: Poeschel, 1980. Sp. 904-913.

Szyperski, N; Winand, U. (1980):
Grundbegriffe der Unternehmensplanung. Stuttgart, 1980.

Tempelmeier, H. (1988):
Material-Logistik. Quantitative Grundlagen der Materialbedarfs- und Losgrößenplanung. Berlin et.al.: Springer, 1988.

The Math Works (1994):
MATLAB Reference Guide. Nathick: The Math Works Inc., 1994.

Tilli, Th. (1993):
Fuzzy-Logik: Grundlagen, Anwendungen, Hard- und Software. München: Franzis, 1993.

Treuz, W. (1972):
Struktur und Verhalten betrieblicher Kontroll-Systeme. Diss., TU Berlin, 1972.

Vatteroth, H.C. (1992):
Das Angebot an Standard-Software für die PC-gestützte Personalplanung. Die aktuelle Marktübersicht. Arbeitsbericht Nr.40 des Industrieseminars der Universität Köln. Köln, 1992.

Vatteroth, H.Ch. (1993):
Ansätze zur Berücksichtigung des Personals in PPS-Systemen. Diss., Univ. Köln, 1993.

Voigt, K.-I. (1993):
Strategische Unternehmensplanung. Wiesbaden: Gabler, 1993.

Wagner, H.; Sauer, M. (1992):
Personalinformationssysteme. In: Handwörterbuch des Personalwesens. Stuttgart: Poeschel, 1992.

Wagner, Th.; Boebel, F.G. (1994):
Testing Synergetic Algorithms with industrial classification problems. In: Neural Networks. Vol. 7, No. 8 (1994), S. 1313-1321.

Wagner, Th.; Schramm, U.; Boebel, F.G. (1995):
Synergetic learning for unsupervised textured classification tasks. In: Physica D 80 (1995), S. 140-150.

Wahl, F.M. (1984):
Digitale Bildsignalverarbeitung. Berlin usw.: Springer, 1984.

Waldschütz, S. (1986):
Methoden der Bedarfsplanung". In: Seibt, D.; Mülder, W. (Hrsg.): Methoden- und computergestützte Personalplanung. Köln: Datakontext, 1986, S. 41-72.

Wang, F.-Y.; Lever, P.J.A.; Bing, P. (1993):
A robotic vision system for objekt identification and manipulation using synergetic pattern recognition. In: Robotics & Computer-Integrated Manufacturing. Vol. 10, Nr. 6 (1993), S. 445-459.

Warnecke, H.-J. (1992):
Die Fraktale Fabrik. Berlin usw.: Springer, 1992.

Warnecke, H.-J. (1995):
Aufbruch zum Fraktalen Unternehmen. Berlin usw.: Springer, 1995.

Warnecke, H.-J., Kühnle, H. (1990):
Bestandteile einer Theorie zur Produktionsplanung und -steuerung. Unveröffentlichtes Arbeitspapier. Stuttgart, 1990.

Weinmann, J. (1978):
Strategische Personalplanung. Theoretische Grundlegung und Versuch der Simulation eines integrierten Personalplanungsmodells. Köln, 1978.

Weißbach, S. (1993):
Montage und Instandsetzung analysieren und simulieren. In: Arbeitsvorbereitung (30) 6/1993, S. 220-223.

Westkämper, E. (1989):
Strukturen von CIM-Systemen mit integrierter Auftragsabwicklung. In: CAD CAM CIM Sonderteil. Heft 2, 1989.

Westkämper, E.; Behrend, H.; Hübener, K. (1994):
Strukturierung der EDV für die zweite Generation von CIM. In: CIM Management 10 (1994) 1, S. 16-19.

Wiehl, U. (1988):
Frühwarnung im Personalbereich. In: Personal Heft 7/1988, S. 280-283.

Wiendahl, H.P. (1988):
Betriebsorganisation für Ingenieure. München, Wien: Hanser, 1988.

Wiendahl, H.-P. (1990):
Simulationsmodelle in der Produktionsplanung und -steuerung. In: ZwF 85 (1990) 3, S. 137-141.

Wiendahl, H.-P., Gläßner, J. (1995):
Integriertes Auftrags- und Ressourcen-Monitoring zur logistischen Beherrschung komplexer Produktionsprozesse. In: wt-Produktion und Management 85 (1995), S. 104-108.

Wild, J. (1971):
Zur Problematik der Nutzenberwertung von Informationen. In: ZfB (1971), S. 1711-1723.

Wild, J. (1974):
Grundlagen der Unternehmensplanung. Reinbek bei Hamburg: Rowohlt, 1974.

Wildemann, H. (1995a):
Arbeitszeitmanagement, Einführung und Bewertung flexibler Arbeits- und Betriebszeiten. München: TCW Transfer Centrum, 1995a.

Wildemann, H. (1995b):
Prozeß-Benchmarking. München:TCW Transfer Centrum, 1995b.

Witte, E. (1972):
Das Informationsverhalten in Entscheidungsprozessen. Tübingen: Mohr, 1972.

Wittenberg, F. (1995):
Engpässe in den Prozessen vermeiden. In: Logistik Heute 1/2 1995, S. 59-62.

Wittmann, W. (1959):
Unternehmung und unvollkommene Information. Köln: Westdeutscher, 1959.

Wunderer, R. (1991):
Personal-Controlling. In: Personal Heft 9/1991, S. 272- 275.

Xu, X. (1993):
Wissensbasiertes Kennzahlenorientiertes Analyse-System im Produktionsbereich. In: CIM-Management. 4/93, S. 46-50.

Zabel, A. (1992):
Neuronale Netzwerke - Übersicht und Anwendungsmöglichkeiten". In: Bullinger, H.-J. (Hrsg.): Expertensysteme in Produktion und Engineering. IAO-Forum 25. März 1992. Berlin usw.: Springer, 1992.

Zahn, E.; Dillerup, R. (1994a):
Beherrschung des Wandels durch Erneuerung, Arbeitspapier Nr. 7/1994, Stuttgart, 1994a.

Zahn, E.; Foschiani, S. (1994b):
Strategieunterstützungssysteme für die Planung flexibler Montagesysteme. In: Die Montage im flexiblen Produktionsbetrieb. Berlin usw.: Springer, 1994b, S. 259-285.

Zäpfel, G. (1989a):

Strategisches Produktions-Management. Berlin, New York: Walter de Gruyter, 1989a.

Zäpfel, G. (1989b):

Taktisches Produktions-Management. Berlin, New York: Walter de Gruyter, 1989b.

Zelewski, S. (1990a):

PPS-Expertensysteme für die Terminfeinplanung und -steuerung. Teil 1: Konzepte. In: Information Management 1/90, S. 56-65.

Zelewski, S. (1990b):

PPS-Expertensysteme für die Terminfeinplanung und -steuerung. Teil 2: Prototypen. In: Information Management 2/90, S. 68-74.

Zülch, G. (1993):

Simulation aufbauorganisatorischer Veränderungen in Produktionsunternehmen. In: Information Management 3/93, S. 24-29.